高层建筑造楼机综合集成平台设计与应用

Design and Application of Comprehensive and Integrated Platform for High-rise Building Construction Machines

王延波　主编

武汉理工大学出版社
·武　汉·

图书在版编目(CIP)数据

高层建筑造楼机综合集成平台设计与应用 / 王延波主编. -- 武汉 : 武汉理工大学出版社，2024. 11. -- ISBN 978-7-5629-7309-6

Ⅰ. TU974

中国国家版本馆 CIP 数据核字第 2024GN5778 号

项目负责人:高　英　　　**责任编辑**:王品品

责任校对:文志年　　　**排版设计**:芳华时代

出版发行:武汉理工大学出版社

社　　址:武汉市洪山区珞狮路 122 号

邮　　编:430070

网　　址:http://www.wutp.com.cn

经　　销:各地新华书店

印　　刷:湖北金港彩印有限公司

开　　本:787×1092　1/16

印　　张:10.5

字　　数:209 千字

版　　次:2024 年 11 月第 1 版

印　　次:2024 年 11 月第 1 次印刷

定　　价:72.00 元

凡购本书，如有缺页、倒页、脱页等印装质量问题，请向出版社发行部调换。

本社购书热线电话:027-87391631　87664138　87523148

《高层建筑造楼机综合集成平台设计与应用》
编　委　会

主　编：王延波

副主编：齐从月　赖国梁　丁伟祥　周佑祥

委　员：段军朝　李　劲　廖　继　张志华

张步月　赵研华　田喜胜　刘汉文

罗　俊　任正声　刘　凯　林成龙

谭志雄　刘　伟　许　鹏　陈啟维

肖心雷　陈乾钧　雷全勇　张　斌

王发旭　韦　翔　王艺涵

前言

随着我国房地产行业的持续发展和中国人口结构的不断变化，整个建筑行业正经历着深刻的变革，建筑市场日趋明确的分工和从业人员的年轻化促使着整个建筑行业朝着装配式、集约化和智能化的方向快速发展。

目前，在建筑市场中，常见的外架形式有落地式脚手架、悬挑式型钢脚手架、附着式整体提升架、爬升模板、滑升模板等多种类型。这些外架广泛应用于房屋建设、桥梁建设等领域，各自功能不尽相同，主要作用包括提供外部防护、施工平台等。不同的架体类型在安全性、经济性、操作性及智能化等方面不尽相同。

中建三局第三建设工程有限责任公司成功研制出新型造楼机，此款设备为轻量型、可周转且高效能的施工设备，其构造包含挂座、支撑立柱、电液伺服直驱油缸、钢平台、挂架、监测仪器和智能设备等核心组件。多个挂座通过可周转螺栓或对拉螺杆与主体结构连接，支撑立柱稳固地卡合于挂座的中央钩爪上，通过单向自锁卡头对支撑立柱两侧爬杆的自动限制功能，可使得电液伺服直驱油缸不断驱动整个支撑系统向上运动，轨道立柱的上端与顶部平台紧密相连，而顶部平台则通过吊杆悬挂挂架和模板。

这款造楼机不仅集外架防护、模板吊挂、管线喷淋等多重功能于一体，还具备高度的安全性、稳定性和广泛的适用性。该造楼机高效的施工性能以及良好的周转性，使其成为现代高层建筑施工的理想选择。

为让建筑施工从业人员更加全面、系统地了解造楼机施工技术与管理，本书以造楼机设计及施工技术为主线，从技术背景、设计、制造与管理、实施与管理等多个方面对造楼机综合集成平台的设计与应用进行详细阐述。

全书包含造楼机技术背景、造楼机的设计、造楼机的制造与管理、造楼机的实施与管理、造楼机实施资料管理、造楼机的常见问题及处理措施、造楼机应用案例七章内容；本书内容详实、图文并茂、容易理解，不仅对从事房建领域施工的技术与管理人员具有很好的指导、借鉴作用，亦可作为各类院校相关专业学习用书。

本书在编写过程中，得到了武汉理工大学、中建三局第三建设工程有限责任公司、中建三局集团（浙江）有限公司等单位专家、学者的大力支持与帮助，在此一并表示诚挚的感谢。

由于编者水平有限，在编写过程中难免有不妥和疏漏之处，敬请广大读者批评、指正。

目　　录

第 1 章

造楼机技术背景

1.1 概述

在人类发展的历史长河中，人类的居住形式经历了穴居（图 1.1）、巢居、半穴居、地面筑屋（图 1.2）的演变过程，可见人类始终在不断地适应并改善其居住环境。这种演变不仅是人类从依赖天然庇护向自主建造住所的巨大跨越，更见证了建筑技术与工程学的诞生与蓬勃发展。随着人居环境的不断变化和人类文明的发展，房屋的建造高度和规模也在逐渐变化，从最初满足抵御猛兽虫豸和遮风挡雨需求的原始住所，到后来彰显权力地位或带有神性崇拜意味的高大建筑，再到现今城镇化发展所带来的超规模城市中林立的高楼，这一切都离不开建筑技术的持续进步与发展。在这一建筑史的发展历程中，脚手架作为构建小型及高大型建筑的关键工具，其逐渐开发、应用和不断升级改造的过程，不仅彰显了人类文明发展的历史进程，更展现出了人类建筑技术的辉煌历程。

图 1.1　原始人居住于山洞

图 1.2　平原搭建房子

1.2 脚手架的发展史

脚手架的发展历程是人类建筑技术进步的缩影。脚手架的适应性、安全性和操作难易程度随着材料种类、强度的发展不断发生着变化。初始的脚手架是早期人类为满足建造房屋需求采用木头、竹子、石头等自然材料制成的简易架构（图 1.3），受材料限制，其搭设高度和安全性不高，仅满足人员操作要求。后来随着建筑高度的增加，脚手架逐步发展为应用钢材、铝合金型材等先进材料和各类附加设备一起设计出来的复杂结构（图 1.4），其附加功能也在不断增多。脚手架的每一次变革都标志着建筑技术的显著进步。同时，标准化材料和搭建工艺的引入，也显著提升了脚手架搭建的规范性、效率及安全性。脚手架的演变史不仅体现了建筑技术的持续创新，也反映了人类对于高效、安全施工的不懈追求。

图 1.3　使用简易木梯建造房屋

图 1.4　世界第一座摩天大楼中应用的脚手架

1.2.1 普通脚手架

古代高层建筑多集中在大型宫殿、陵寝和宗教建筑中，这些建筑的高层空间更多地承载了象征意义，没有太大的实际用途。以中国的佛宫寺释迦塔、欧洲的圣彼得大教堂和埃及的金字塔为例，这些建筑在建造过程中，其高耸的结构和外立面造型使得脚手架作为关键施工辅助工具得到了广泛应用。作为施工人员的操作平台和材料的临时堆载平台，普通的落地式（图 1.5）和悬挑式（图 1.6）脚手架的出现使得高层建筑的搭建成为可能。脚手架的演变历程始终遵循着标准化、流程化、格式化和固定化的方向。古代脚手架的构造材料相对有限，主要使用挺直的树木或竹竿作为架杆，并用藤蔓或劈成条状的竹子作为绑扎带进行固定，经过架子工们的精心制作，简易脚手架得以成形，为后续的建筑施工提供了坚实的基础。随着技术的不断进步，脚手架在建筑施工中的应用也不断拓展和完善，为人类创造更加美好的生活环境做出了巨大的贡献。

图 1.5　中国古代竹制落地脚手架

图 1.6　欧洲木制悬挑脚手架

20 世纪初，英国首先应用了由连接件与钢管组成的钢管支架。这种钢管支架逐步发展为扣件式钢管支架（脚手架），之后很快被推广应用到世界各地。我国于 20 世纪 60 年代开始加快城镇化进程，扣件式钢管脚手架因加工简便、搬运灵活及通用性强等特点，迅速成为我国建筑施工领域的主流选择，被广泛应用于各类工程项目，占据了脚手架使用总量的绝大部分。相较于传统的竹木脚手架（图 1.7），扣件式钢管脚手架

（图 1.8）具有更高的承载能力、更佳的加工与装拆效率、更广泛的适用范围，从而逐渐取代了竹木脚手架。此后，为了安全性和施工便捷性，在扣件式钢管脚手架的基础上又发展出了盘扣式脚手架，但此类脚手架若用在高层或超高层建筑上安全性会降低并浪费大量的材料。

图 1.7　竹子落地式脚手架

图 1.8　扣件式钢管脚手架

自 20 世纪 70 年代起，我国开始从日本、美国、英国等先进国家引进门式脚手架（图 1.9），并在高层建筑工程施工中广泛应用。此种脚手架不仅能够作为建筑施工的内外脚手架使用，还可作为楼板支架、梁模板支架和移动式脚手架等使用，因此被称为“多功能脚手架”。20 世纪 80 年代初，国内已有部分生产厂家开始仿制此类脚手架。至 1985 年，已有 10 家企业涉足此领域，他们的产品在部分地区工程中得到广泛应用，并深受施工单位欢迎。

图 1.9　门式脚手架

然而，由于各生产厂家的产品规格与质量标准存在差异，给施工单位的使用和管理工作带来了一定的困扰。此外，部分厂家采用的钢管材质和规格未能达到设计要求，导致门式脚手架刚度不足，易于在运输和使用过程中发生变形，加工精度亦不尽如人意，从而导致门式脚手架使用寿命较短。这些问题严重影响了该技术的推广和应用。

为满足高层和超高层建筑的施工要求，寻找一种能减少材料使用量且有安全保障的脚手架成为重中之重。我国在以往搭建方式的基础上采用新材料陆续研发出三角悬挑、型钢悬挑（图1.10）、端锚式悬挑（图1.11）等多种样式的新型脚手架以适应市场的发展，此类脚手架采用钢丝绳（拉杆）＋型钢＋钢管的组合方式进行架体的分段悬挑，一定程度上提升了安全性和施工便捷性，减少了材料浪费。然而，这些新型脚手架在经济性和使用功能上仍难以满足高层及超高层建筑的快速发展需求。

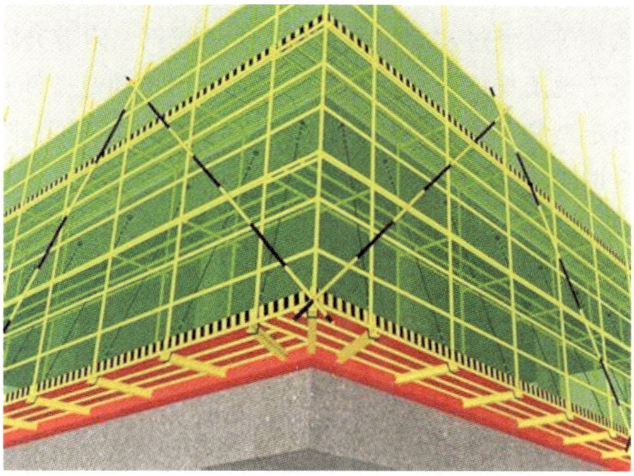

图1.10　型钢悬挑脚手架

图1.11　端锚式悬挑脚手架

1.2.2 外爬架

20世纪80年代末，随着我国改革开放的深入推进，建筑行业迎来了迅猛的发展，高层和超高层建筑层出不穷。传统的落地式脚手架和悬挑架，不仅成本高昂、安拆劳动强度大，还存在严重的安全隐患。面对高层建筑外架施工工具迫切的改革需求，业内积极探索新的解决方案。

广西的工程师率先研发出了一种采用钢管扣件搭设的“整体提升脚手架”，即曾式挑梁式爬架。20世纪90年代初期，国内多家单位在原有整体提升脚手架的基础上相继开发生产了“导轨框架式附着升降脚手架”。此后，深圳、上海、西安、重庆、大连等地陆续有企业开始改进和试制不同类型的附着升降脚手架，如导轨式、主套架式、悬挑式、吊拉式（爬式）等。经过几十年的发展，全钢或钢铝附着升降脚手架（图1.12）在国内甚至国外建筑工地上推广开来，其提升机构采用电动链条葫芦及智能控制系统，水平桁架及架体均由定型杆件制作、模块化组装而成，平面采用花纹钢板或铝合金板防护，立面采用钢板网防护。

图1.12 附着式整体升降脚手架

爬架以多支点附着于外墙结构，利用设置于爬架上的电动链条葫芦及智能控制系统进行爬升，相较于传统的外脚手架降低了搭设工作量和施工安全风险。但其承重量较小；室外作业易受雨雪和高低温等天气影响，出现降效乃至停工的问题；附着式提升脚手架爬升时，附着位置混凝土强度不得小于10 MPa；施工中可能出现现场冒顶作业、附着安装不到位等情况。爬架使用功能单一，在质量、安全以及施工效率提升和作业环境改善方面仍有很大的改进空间。

1.2.3　液压模架

液压模架技术的诞生标志着脚手架领域的重大进步，它推动超高层建筑脚手架向工具化和模块化方向发展。目前，液压模架技术主要包括三种类型：液压滑升模板系统（简称滑模）、液压爬升模板系统（简称爬模）以及顶升钢台模板（简称顶模）。这些技术的应用，极大地提升了施工效率，增强了施工安全，推动了建筑行业的技术革新。

1.2.3.1　国外液压模架发展

在 20 世纪 20 年代，美国采用了一种以手动螺旋式千斤顶滑升模板为核心的技术来构建筒仓类建筑，这类建筑普遍具备较高的高度和相对稳定的结构形态。20 世纪 40 年代中期，瑞典研发出了颚式夹具穿心式液压千斤顶和高压油泵，通过脉冲程序控制滑升过程（图 1.13），显著提升了滑升模板施工技术的效率和自动化程度，推动了施工技术由人工向自动化的转变，并在很大程度上加快了施工速度和技术进步的步伐。随着滑升模板技术的推广和应用，众多国家和地区纷纷采用此技术构建高耸建筑。例如，加拿大多伦多城约 550 m 高的电视塔和中国香港 218 m 高、共 65 层的合和大厦，均采用了此种滑升模板技术完成施工。

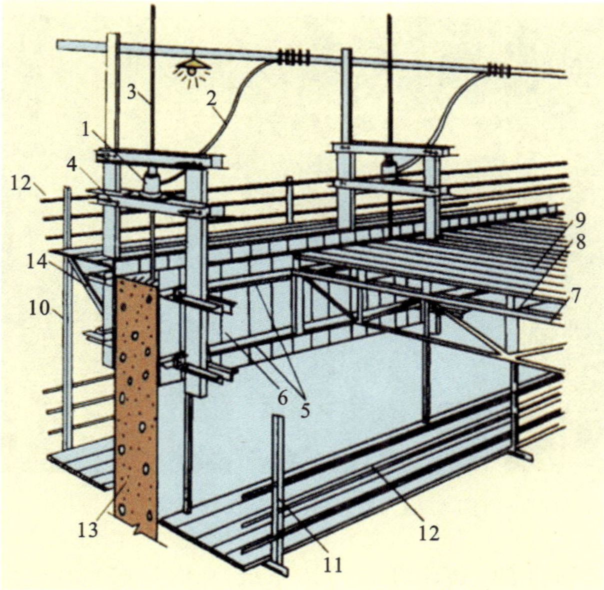

1—千斤顶；2—高压油管；3—支撑杆；4—提升架；5—上下围圈；6—模板；7—桁架；8—格栅；9—铺板；10—外吊架；11—内吊架；12—栏杆；13—墙体；14—挑三角架

图 1.13　滑模系统

20 世纪 70 年代，全球范围内涌现出大量模板和脚手架生产供应商，其中奥地利 DOKA 公司和德国 PERI 公司是该领域的杰出代表。奥地利 DOKA 公司凭借其卓越的研发实力，成功开发了包括 SCP 整体爬升式平台（图 1.14）、SKE Plus 液压自动爬升模板系统、Xclimb 60 自动爬升模板（图 1.15）、MF240 提升模板以及 150F 爬升模板在内的多种先进模板系统。这些系统为全球 700 多个高层建筑项目提供了优质的模板解决方案。

图 1.14　SCP 整体爬升式平台

图 1.15　Xclimb 60 自动爬升模板

德国 PERI 公司研发的 ACS 自动爬架系统（图 1.16）、CB 爬架系统以及 RCS MAX 导轨爬架系统（图 1.17），在欧美地区、中东地区的超高层建筑建设中亦得到了广泛应用。例如，美国曼哈顿的 56 层住宅以及迪拜的哈利法塔（图 1.18）等标志性建筑，均采用了这些先进的爬架系统。

图 1.16　ACS 自动爬架系统

图 1.17　RCS MAX 导轨爬架系统

图 1.18　哈利法塔自升式模板系统

1.2.3.2 国内液压模架发展

20 世纪 80 年代初，液压模架技术开始引入国内，并主要应用于筒仓等建筑，特别是钢筋混凝土外形变化较小的部位。从 20 世纪 80 年代至 90 年代末，模架技术得到了进一步的应用，尤其是在超高层建筑的核心墙体建设中，如在深圳国贸大厦施工中首次采用了“内、外筒一次同步滑模”的先进工艺（图 1.19），使主体建设速度创造了“三天一层楼”的新纪录，从此，“三天一层楼”的“深圳速度”成为改革开放迅猛发展的代名词，载入了特区建设、中国建设的史册。

图 1.19 深圳国贸大厦液压滑模施工

滑模系统将液压千斤顶作为动力源，借助预先埋入混凝土结构中的支撑杆承担全部施工荷载（图 1.20）。该系统有显著的特点，如施工连续性强、效率高、占地面积小、结构简单和周期短。然而，滑模技术的应用范围存在一定局限性，特别是在处理纵向结构差异大或滑升时间难以精确控制的工程项目时不应采用滑模系统。此外，滑模作业必须保持连续性，一旦受到外部环境因素的干扰，将大幅增加模板配置的成本投入。

图 1.20　筒仓建筑液压滑模施工

我国从 20 世纪 70 年代就已经开始使用爬模，最早使用的是上海手动葫芦爬模，以模板爬架子，以架子爬模板；20 世纪 80 年代中建一局集团建设发展有限公司在北京万寿宾馆采用 3.5 t 液压千斤顶进行模架互爬；1990 年前后，中建三局集团有限公司（简称中建三局）在上海采用了电动丝杆爬模；1996 年北京中建柏利工程技术发展有限公司首次在广东省公安厅 38 层办公楼工程中采用 6 t 液压千斤顶、$\phi 48\times3.5$ 钢管支撑杆和钢框胶合板模板进行整体液压爬模；1997 年珠海 69 层巨人大厦采用钢模板进行整体液压爬模；1998 年，北京国贸中心二期 38 层办公楼采用 6 t 液压千斤顶、$\phi 48\times3.5$ 钢管支撑杆和钢模板进行整体液压爬模，并首次将部分钢管支撑杆设在结构体外；2003 年，中建一局集团建设发展有限公司在北京 LG 大厦工程中采用北京卓良模板有限公司生产的液压油缸爬模，进行核心筒墙体爬模；2005 年，中建一局集团建设发展有限公司在俄罗斯联邦大厦工程中采用江苏江都揽月机械有限公司生产的 10 t 液压升降千斤顶和 $\phi 83\times8$ 支撑杆，以墙顶为支撑点进行墙体爬模，柱子爬模的支撑杆设置在柱子外，穿过楼板；2007 年以后，国内的爬模公司都以液压油缸作为爬模的爬升动力，液压油缸爬模（图 1.21）也从单侧外爬一种做法发展到外爬内吊、内爬内吊、内爬外吊等多种做法，并已在高层和超高层建筑、大型桥塔等多项工程中广泛应用。

相比之下，爬模施工技术更具灵活性，能够根据不同的墙体情况调整机位；机械自动化程度高，人工操作减少；施工安全性好；组织简单且标准化程度高。然而，爬模的承载力和稳定性相对较低，对物料堆码的控制要求严格，外立面架体仅能覆盖 2 层半。

图 1.21 液压爬模施工

1.2.3.3 顶升钢平台模架发展

2007 年，中建三局承担了广州国际金融中心（亦称广州西塔）的建设任务，该建筑高达 432 m，项目的总工期仅为 1007 d，时间紧迫，任务艰巨。在传统的建筑工艺中，无论是采用爬模还是滑模施工方法，都需要在混凝土现浇层上安装模板，且各模板之间保持独立。待混凝土达到一定的养护强度后，再拆除模板，继续向上支设。因此，在如此紧迫的工期内，按照传统的施工方式完成如此规模的建筑项目显然是不现实的。

鉴于传统施工模式无法满足当前需求，中建三局领导的项目技术团队提出了一个创新的构想：开发一套封闭的模架体系。该体系采用高性能的液压千斤顶，自待施工楼层下方的 2～3 层开始顶升，仅需 3 个支点即可实现稳固支撑。此方案不仅有效利用高位混凝土的养护时间，还显著提升了核心筒的施工速度。基于这一构想，团队成功研发出第一代顶模——低位顶升钢平台模架体系。与传统施工技术相比，低位顶模展现出更高的稳定性、更强的承载力、更优秀的抗风性能以及更高的施工效率。令人印象深刻的是，该体系仅需 10 h 即可完成一次顶升。在广州国际金融中心项目（图 1.22）的实际应用中，核心筒的施工速度最快时达到两天一个结构层，总工期比传统方式缩短了 280 d，创下了业界瞩目的“世界速度”新纪录。

2009 年，中建三局的技术团队在第一代顶模的基础上继续着手研发“空中造楼机”。研发设计组发现，广州西塔竣工后，由于采用全钢焊接技术导致重达一千多吨的顶模钢平台难以周转，变成了一堆昂贵的“闲置资产”。面对这一难题，技术团队提出解决方案：将原有构件拆分为多个模块，通过类似于搭积木的方式组装顶模，以提高其周转效率。

图 1.22　广州国际金融中心顶模施工

在研究组装方案的过程中，中建三局成功中标福州第一高楼——福州世茂国际中心项目，新一代顶模将应用于此。为确保顶模能够一次拼装成功，研究团队必须在短时间内完成精度和承载力的试验测试。为此，中建三局的工程师王开强带领两名同事，连续一个月驻扎在生产厂家，于空旷场地成功预拼装出高 25 m、面积近千平方米、重达 1500 t 的顶模系统，并顺利完成了荷载试验。

经过不懈努力，第二代顶模系统成功拼装并应用于福州世茂国际中心项目（图 1.23）。在项目结构封顶后，模架结构部分成功周转至福州宇洋金座项目，周转率高达 80%，有效降低了后续成本。

随着第二代顶模技术在各类工程中的广泛应用，其潜在问题逐渐显现。该技术的支撑体系位于核心筒内部，其上方的钢平台面积达到一千多平方米。建筑高度的增加及建造难度的增大，导致模架体系的抗侧刚度不足，承载力受限。同时，与核心筒内的箱梁、电梯等构件的协调配合也变得日益复杂。

中建三局总工程师张琨针对这一问题，进行深入研究并组织团队讨论，创新性地提出了一种“搓衣板”式爬升方案。该方案在核心筒外侧墙体表面浇筑出 2～3 cm 厚的素混凝土微凸支点。这些支点作为顶模支撑系统的承力点，可将顶模系统整体的荷载有效地传递到核心筒结构上，从而实现了模架的稳定爬升。

图 1.23　福州世茂国际中心模块化低位顶升钢平台模架体系

在这一创新方案的基础上，第三代顶模——微凸支点智能控制顶升模架得以诞生。该模架的最大高度达 27.8 m，竖向横跨三个半结构层，实现了钢筋绑扎层、混凝土浇筑层、混凝土养护层的分层流水施工。该模架顶部平台长 35 m、宽 35 m，为施工提供了充足的空间和材料、机械设备的堆放场地。此外，顶升液压系统的推力也得到了大幅提升，达到 2400 t，进一步确保了施工的安全与效率。该创新成果也在武汉中心大厦得到了成功应用（图 1.24）。

2014 年，在第三代顶模基础上，经过近两年研究试验，中建三局成功研发出最新一代“自带塔机微凸支点智能顶升模架系统”。该系统为超高层建筑的智能化施工装备集成平台（图 1.25），即第四代顶模系统。此研发在全球范围内首次将超高层建筑施工所需的大型塔机直接整合于钢平台之上，实现了塔机与模架的一体化安装与爬升。此外，该创新技术还将核心筒立体施工同步作业面从原先的 3 层半提升至 4 层半，显著提高了施工效率。此项技术将传统模板系统升级为智能顶模系统，为现代建筑施工领域带来了颠覆性的进步。

顶模系统以其快速的建设速度和优良的安全性能而受到青睐。然而，由于系统建设对钢材的需求量大，其自重大、成本较高、周转性低。随着技术的不断更迭和智能化水平的提高，辅助施工技术和施工人员的选择也面临一定的挑战。

图 1.24　武汉中心大厦微凸支点顶模

图 1.25　北京中国尊超高层建筑智能化施工装备集成平台

1.3 造楼机发展现状

依据第七次全国人口普查的结果，与2010年第六次全国人口普查的13.40亿人数相比，全国人口增加7205万人，增长率达到5.38%，年平均增长率为0.53%（图1.26）。这表明中国社会的人口增长率已呈现放缓趋势，而老龄化程度则持续加深。这一社会现象将对建筑行业产生深远影响，促使劳动力结构发生重大调整。传统的以60后、70后为主体的建筑工人群体正逐步退出劳动市场，而年轻一代正逐步成为建筑工人的中坚力量。这一变化为建筑行业注入了新的活力，但同时也对建筑技术和设备提出了更高的要求，以适应新一代工人的需求和期望。

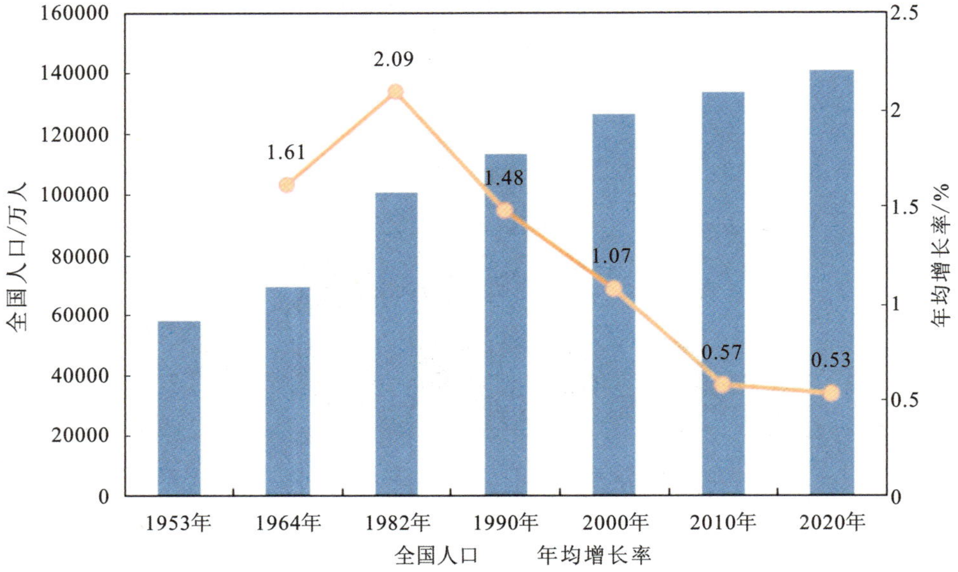

图 1.26 历次人口普查全国人口及年均增长率

在中国，铝合金模板体系和装配式体系已经得到了广泛的应用，这两种体系都强调建筑的工业化、标准化和预制化，能够有效地提高施工效率和质量。建筑模架作为高层和超高层建筑施工过程中的重要防护措施和辅助工具，也在逐步向轻量化、模块化方向发展。建筑产业工人的减少和建筑行业精细化要求的提高要求未来的建筑模架具有轻量化、安装便捷、集成化、智能化等优点，并能够大大提高施工效率和质量。同时，模块化建筑模架还要能够更好地适应不同的施工环境和需求，满足建筑行业的快速发展和变化。

除了满足施工效率和质量的需求外，建筑模架还需要在安全防护等方面发挥重要作用。在施工过程中，建筑模架不仅要承受施工荷载，还要保证施工人员的安全。因此，建筑模架的设计和制造必须严格遵守相关标准和规范，确保其结构稳定、安全可靠。

近几年，国务院、住房和城乡建设部、各地方及相关行业协会陆续发布了一系列提高建筑工业化、建造智能化的政策及倡议文件（图 1.27），强调要加强技术创新，通过技术攻关，推动智能建造和建筑工业化协同发展。

2024年9月9日 星期一　无障碍　工作邮箱

中华人民共和国住房和城乡建设部
Ministry of Housing and Urban-Rural Development of the People's Republic of China
www.mohurd.gov.cn

请输入搜索的内容

首页　机构　新闻　公开　服务　互动　专题

首页 > 公开 > 政策 > 文件库

住房和城乡建设部行政规范性文件

下载文字版　下载图片版

公文名称：住房和城乡建设部等部门关于推动智能建造与建筑工业化协同发展的指导意见
索 引 号：000013338/2020-00264　分　　类：建筑市场监管
发文单位：住房和城乡建设部　国家发展改革委　科技部　工业和信息化部　人力资源社会保障部　生态环境部　交通运输部　水利部　税务总局　市场监管总局　银保监会　铁路局　民航局　发文日期：2020-07-03
文　　号：建市〔2020〕60号　主 题 词：
实施日期：　废止日期：

住房和城乡建设部等部门关于推动
智能建造与建筑工业化协同发展的指导意见

各省、自治区、直辖市及计划单列市、新疆生产建设兵团住房和城乡建设厅（委、管委、局）、发展改革委、科技厅（局）、工业和信息化厅（局）、人力资源社会保障厅（局）、生态环境厅（局）、交通运输厅（局、委）、水利厅（局）、市场监管局，北京市规划和自然资源委，国家税务总局各省、自治区、直辖市和计划单列市税务局，各银保监局，各地区铁路监督管理局，民航各地区管理局：

建筑业是国民经济的支柱产业，为我国经济持续健康发展提供了有力支撑。但建筑业生产方式仍然比较粗放，与高质量发展要求相比还有很大差距。为推进建筑工业化、数字化、智能化升级，加快建造方式转变，推动建筑业高质量发展，制定本指导意见。

一、指导思想

以习近平新时代中国特色社会主义思想为指导，全面贯彻党的十九大和十九届二中、三中、四中全会精神，增强“四个意识”，坚定“四个自信”，做到“两个维护”，坚持稳中求进工作总基调，坚持新发展理念，坚持以供给侧结构性改革为主线，围绕建筑业高质量发展总体目标，以大力发展建筑工

图 1.27　政府文件

为适应这些新形势，中建三局第三建设工程有限责任公司在超高层建筑施工装备集成平台应用理念的基础上，通过轻量化、标准化、智能化创新，降低平台自重、提升材料通用性和设备可周转性，提高智能作业水平，用以实现施工装备集成平台（简称“造楼机”）从超高层建筑施工的应用到住宅类建筑建造施工的应用转化。这样一来，对推进智能建造与建筑工业化发展将更具普及性和产业价值。

第 2 章

造楼机的设计

2.1　技术简介

2.1.1　总体概述

“造楼机”全称为高层建筑施工装备集成平台，它颠覆了房建领域传统施工方法，打造一套类工厂的施工作业环境，可提高施工工效、提升架体安全、改善工程质量，致力于提供一种提升施工现场工业化、智能化建造水平的整体解决方案。

住宅楼或公寓楼主要以框架剪力墙形式为主，结构特点为：单层结构“三小三多”（开间小、钢筋量小、混凝土量小，开间多、梁板多、门窗洞口多）；内墙琐碎庞杂，无规律、不连续。这类建筑施工时采用整层同步施工组织方式。超高层办公楼多采用钢结构外框架＋核心筒形式，结构特点为：剪力墙厚度大、钢筋或钢骨用量大且截面变化多样，核心筒结构平面变化复杂并且需要为外框架钢梁的安装提供超前工作面。因此，此类建筑施工时多以核心筒先行施工为主线，外框架施工紧随其后，总体以核心筒领先外框钢结构安装作业面 4～6 层为宜，后续依次为外框土建施工、钢结构防火涂料施工、幕墙安装施工、二次结构施工、机电安装施工以及精装修施工，从而形成超高层全专业建造穿插体系。针对以上两种不同结构形式的建造，中建三局第三建设工程有限责任公司分别研究设计了住宅造楼机（图 2.1）和空中造楼机（图 2.2）。

图 2.1　住宅造楼机外观效果图

图 2.2　空中造楼机外观效果图

2.1.2　施工原理

造楼机主要由支撑系统、钢平台系统、智能电控液压动力系统、挂架系统、模板系统、安全防护系统六大系统组成（图 2.3）。造楼机上可集成智能遥控布料机、可开合天幕、自动喷淋装置等施工装备及设施，具有安全性好、施工速度快、承载量大、适应性强、可全天候作业等优势。

造楼机立面功能分区（图 2.4）由上向下依次为：顶部平台堆载层，钢平台（贝雷架）桁架层，钢筋绑扎（劲性柱安装）作业层，模板作业（混凝土浇筑）层，混凝土养护层，附墙支座受力层，二次结构施工层，精益建造施工层。

造楼机挂架系统、模板系统悬挂于钢平台系统下方，将所有施工荷载传递至钢平台系统，钢平台系统传力至支撑系统，再由支撑系统将荷载传递至主体结构。施工时，所需施工材料、小型机具堆放或附着在钢平台上，钢平台及挂架为施工作业人员提供操作面及行走通道。施工作业人员在造楼机内部完成钢筋绑扎、模板作业、混凝土浇筑等施工内容，从而逐层完成各楼层的建造。顶升时，动力系统服务于造楼机的顶升，在顶升控制终端实现单个楼层的一键顶升。其中，支撑系统采用较少支点，以减少对主体结构的影响，支点承力层比施工层低 2 层，确保承力层墙体混凝土有足够的强度；钢平台系统采用标准贝雷片，可以实现造楼机自身重量的大幅减轻，提高周转率，同

图 2.3 造楼机的组成示意图

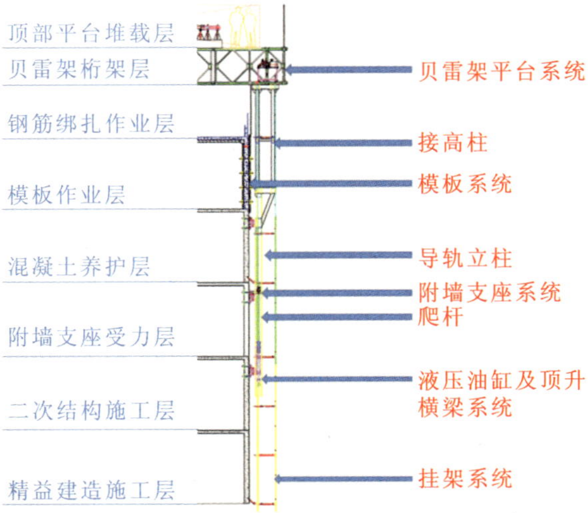

图 2.4 造楼机立面功能分区示意图

样也能满足平台顶部临时堆载、布料机等小型机具的附着。钢平台的承载能力高，可以将竖向大模板以及施工电梯集成于其中；动力系统采用电控液压油缸，可将控制顶升的操作集中在一个终端，再辅以智能调平，实现整层一键智能顶升；挂架系统可以覆盖多个结构层，可以实现外墙保温、外窗、栏杆等同步施工。

2.1.3　技术特征

（1）轻型化：为克服住宅建筑剪力墙布局零散、断点多、承载力较小等问题，选择设计一套轻型支撑立柱及钢平台作为承力框架，以减小支承反力，同时，支点所在楼层比施工层低两层，使得承力层混凝土龄期更长，安全性更高。

（2）系列化：可根据各种建筑结构形式、建筑面积设计对应型号的造楼机。

（3）顶升智能化：动力系统集成工业一体化产品——电液伺服直驱系统，用以驱动液压油缸智能顶升，实现全程一键顶升，顶升过程对人的依赖程度更低，顶升速度更快。

（4）类工厂化：在钢平台上安装可开合天幕遮阳避雨；安装临时水箱并敷设喷淋管路可实现降尘控温；布设照明系统仿室内空间，打造了全天候、类工厂化施工作业环境，为实现房屋建筑工业化建造提供了一套最优的解决方案。

（5）工序集约化：在外立面设置覆盖 6～8 个楼层的操作架，除了可以将钢筋绑扎，模板开合，混凝土浇筑以及养护、修补等基本工序包含在内外，还为建筑外窗、落水管、栏杆等施工提供作业面，在其内部形成安全可靠的多层立体交叉作业空间，工序高度集成、流水化，极大地提升了精益建造水平。

（6）快速周转：通过构件的标准化设计，建立构配件图库，提高各类构件周转使用率，并且可实现各系统装配式安拆，施工速度快。

（7）高承载力：钢平台桁架下弦悬挂挂架及铝合金模板，上弦可作为钢筋、电焊机等材料及设备堆场，也可作为智能布料机的底座，整体钢平台可通过滑动支座附着施工电梯，承载能力可满足各项施工需求。

（8）高适应性：钢平台可采用焊接桁架＋贝雷片组合形式，在满足各项施工需求的前提下，实现平台平面灵活布置，可避让墙体内钢筋及劲性柱等竖向结构，可针对不同的平面形状进行“量身定做”，使高空安拆灵活快速。

（9）高安全性：架体整体性好，顶升同步性高，施工及顶升过程始终保持架体完整性，极大程度地降低了各类安全风险。

（10）设备集成：综合造楼机各系统构造，可以将布料机、施工电梯、行车吊等设备集成，并且可以为将来更多的施工设备集成提供接口。

2.2　各系统设计

2.2.1　总体设计思路

造楼机主要用于结构的施工，在其内部涉及土建、钢结构、机电安装等专业的施工，因此在设计时须充分考虑建筑平面形状及大小、层高、墙体布局及厚度变化，施工电梯、塔吊等大型设备的空间关系等因素（图 2.5）。设计造楼机时主要考虑以下几点：

（1）应根据建筑结构特点，设计满足建造所需求的支撑系统、动力系统、钢平台系统、挂架系统、模板系统以及安防系统；

（2）各系统的设计应充分考虑结构平面变化、墙体分布及厚度变化情况；

（3）造楼机的平面及立面设计均应考虑钢构件吊装、混凝土泵管布置等因素；

（4）造楼机的平面及立面设计均应考虑施工电梯、塔吊等大型设备布置及附着设计，并且应绘制全周期顶升规划图，直观展示造楼机与大型设备的立面关系；

（5）造楼机的设计应满足施工人员安全作业、通行的要求并设置可靠的安全防护设施；

（6）造楼机各组成部分应有安全可靠性计算，并对主体结构承载力进行验算，若不能满足承载需求，则应采取合理的结构加固措施，确保结构安全；

（7）应对造楼机的设计、制造、安装及验收、运行、维护、改造及拆除等编制安全专项施工方案并要经过审核审批，组织专家论证后实施。

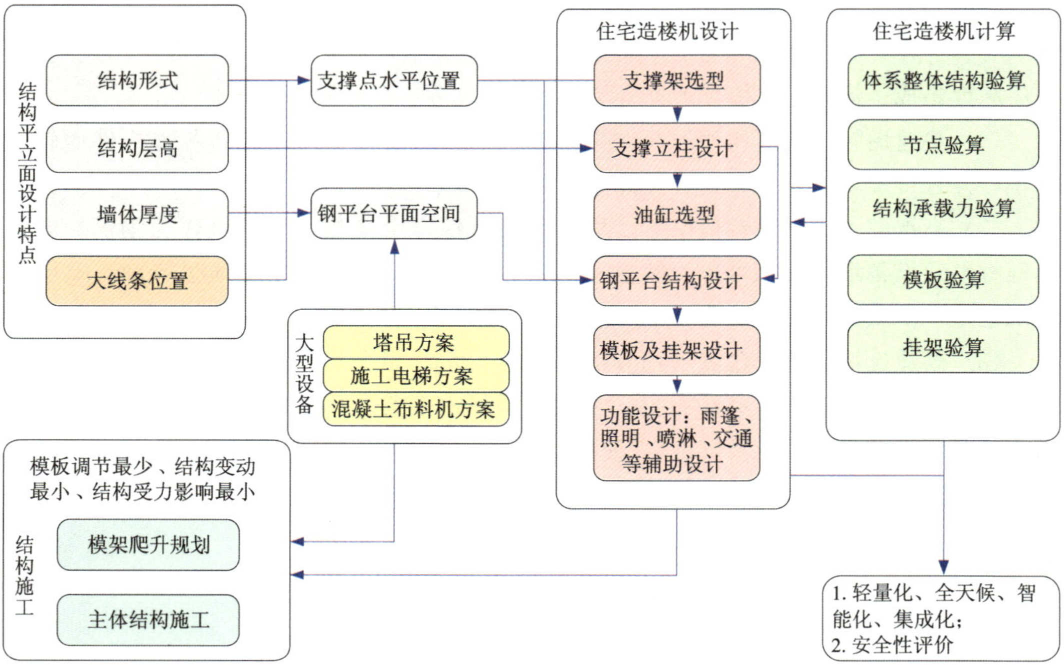

图 2.5 造楼机设计总体思路导图

2.2.2 总体设计

（1）总体设计流程

造楼机设计工作具体流程为：编制总体设计方案→设计方案评审→各系统施工图

设计→现场实施匹配性设计→系统间匹配性设计→施工图设计文件整理→出具深化设计图。

（2）总体方案设计

设计人员根据建筑施工图及建筑图，确定造楼机框架设计方案，主要步骤如下：

①完成支撑系统和钢平台系统的结构设计，应包含平面布置图及立面构造图；

②完成支撑立柱和钢平台的三维线模绘制；

③将三维线模导入结构有限元分析软件进行建模并施加荷载，进行结构稳定性及承载力验算；

④根据验算结果判定总体设计方案的可行性，并判定是否进行设计调整，直到方案可行为止。

（3）设计方案评审

以初步设计方案评审会的形式，召集设计人员、评审人员等进行集中评审和讨论，将初步设计方案和验算结果进行展示，预测设计目标的实现效果，并对各系统成本进行估算，最后汇总形成设计方案评审资料。评审资料主要包括支撑系统和钢平台系统的平面图、立面图、验算结论等。按照造楼机设计方案评审流程图（图 2.6）开展评审，设计方案评审通过后进入下一步。

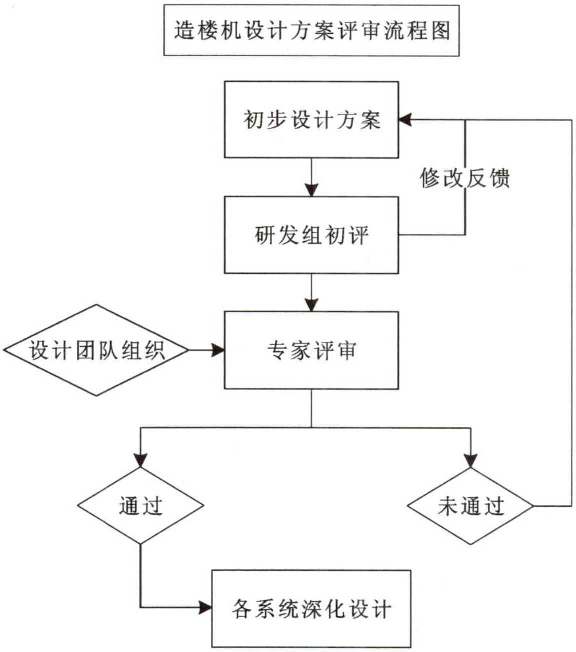

图 2.6　造楼机设计方案评审流程图

2.2.3 支撑系统及动力系统设计

支撑系统（图 2.7）是指附着于结构上用于支撑造楼机整体框架的机构；动力系统是指安装在支撑系统内并为造楼机的顶升提供动力的机构。支撑系统的设计应同时考虑动力系统的设计，动力系统的构造应与支撑系统完全契合。支撑及动力系统包括支撑立柱、附墙支座（挂座）、顶升装置、连接装置、顶升油缸、动力包及控制终端等。

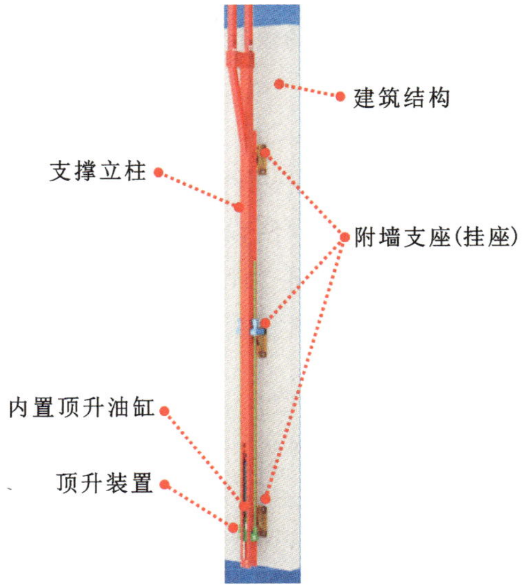

图 2.7　支撑系统及动力系统组合图

支撑及动力系统在满足上部结构荷载作用的前提下，还要满足结构层高、安全防坠等要求，并兼顾轻量化、加工成本低、使用方便等特点。采用 SolidWorks 软件进行支撑系统设计，计算支撑立柱、附墙支座、螺栓或销轴的抗弯、抗剪、轴向承载力及稳定性。设计过程中将顶升油缸参照标准缸的形式预估截面尺寸并预留接驳口，预估顶升油缸吨位和行程，并将顶升油缸嵌入支撑系统中。支撑系统、动力系统组合设计完成后，先对系统进行运动关系模拟，然后进行机械受力计算，全部合格后完成初期设计，整理形成设计图。

支撑及动力系统加工周期最长，是关键线路，因此需要先完成该部分设计工作。根据支撑及动力系统设计图进行制造商招采工作，确定制造商后，由制造商对顶升油缸进行最终设计定型。设计人员再根据制造商确定的顶升油缸设计构造及各项参数调整支撑系统相关接驳点，完成支撑及动力系统最终设计。

2.2.4　钢平台系统设计

钢平台系统是指安装于支撑立柱上部的钢结构桁架（图 2.8），它与支撑立柱共同组成造楼机整体框架，是挂架系统、模板系统、可开合天幕等设备设施的主要附着体。

钢平台系统一般包括标准贝雷片、非标准贝雷片、支撑架及阴阳头等，为了满足不同的结构形状以及施工需要，也可以采用焊接桁架与贝雷片组合形式的钢平台。钢平台是造楼机的扩展性平台，与各个系统均有关联。钢平台系统由设计人员依据结构平面图进行布设，在覆盖结构外轮廓的前提下满足外挂架、电梯井、采光井等区域位置的布设需求，桁架间距还应满足各类附属设施的要求。完成钢平台桁架布设后，须建立计算模型利用有限元分析软件进行承载力验算，再根据验算结果来判定是否需要通过局部补强或增设桁架来满足安全要求。钢平台验算得出的杆件应力比，应满足钢结构设计规范要求，同时根据总体功能考虑钢平台上须承载的荷载需求，提前进行加载分析，预留出辅助功能的承载力存量。

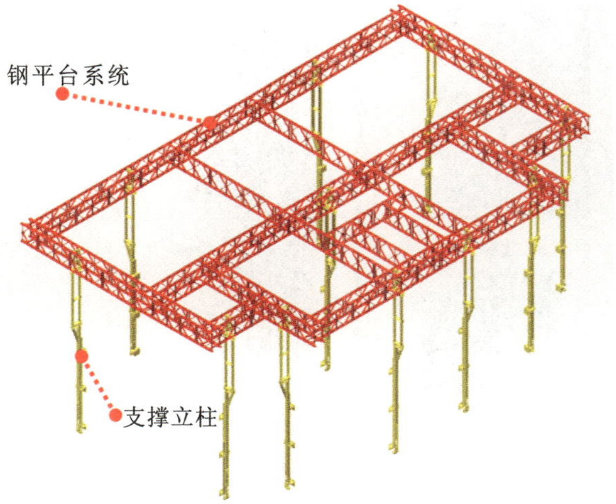

图 2.8　钢平台系统与支撑立柱组合图

2.2.5　挂架系统设计

挂架系统即操作架，悬挂于钢平台下方，沿建筑外围及井道布置，随造楼机的顶升一同上升。

挂架系统包括外挂架、内挂架等吊挂架体。它主要由吊杆、横杆、顺墙龙骨、走道板、防护网片、翻板等组成（图 2.9）。各构件应通过计算来验证挂架承受施工荷载、风荷载的能力。

外挂架沿建筑结构外墙外侧布设，传力途径须明确，架体宽度应能满足正常施工作业需求，离墙间距须满足模板作业及提升需求。架体覆盖楼层可根据不同工程精益建造需求进行设计，一般设计为覆盖5～8个楼层。挂架系统构件采用钢管或型钢组合而成，走道板可采用钢板网、冲孔钢板或花纹钢板，在模板作业层下方和最底部兜底层设置两层钢翻板。考虑施工人员的作业需求，挂架立面步距通常设为2～2.5 m，同时各步挂架间设置竖向交通所需的钢楼梯或钢爬梯。外挂架外立面与施工电梯接驳部位开口应满足施工电梯到达施工楼层下方第三层，挂架与塔吊附着臂冲突部位设置可翻转走道板和防护网片以满足施工需求。在钢平台顶面与塔吊标准节距离最近部位设置悬挑搭接通道，方便塔吊司机快速上下塔吊。内挂架主要为电梯井道内挂架，吊挂高度为覆盖至模板作业层以下1 m即可。内挂架走道板离墙距离应满足模板作业需求，模板作业层下方以及底层走道板设置翻板进行封闭。

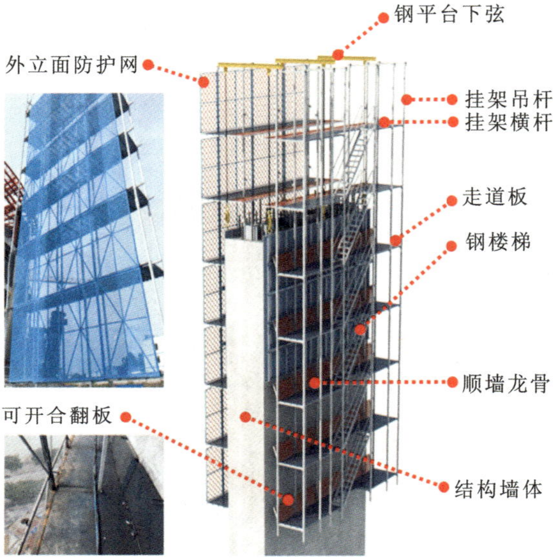

图2.9 挂架系统示意图

2.2.6 模板系统设计

造楼机主要为模板的悬挂及提升提供载体，可将模板整拼成大模板随造楼机提升(图2.10)，这样更利于墙体成型质量的管控。模板系统可选用铝模系统、钢模系统及木模系统等，在造楼机钢平台下方挂设吊杆、卸扣、花篮螺栓、U形卡等配件实现模板系统与造楼机的连接，从而实现模板系统随造楼机的顶升而上升。

造楼机设计人员应在模板系统设计阶段，对模板的深化设计提出配合需求。模板配合内容主要包括三个方面：一是平面布置时，模板合模所需对拉螺杆的布置应避开造楼机支撑点位的预留预埋位置；二是造楼机支撑点位的模板设计应有控制预留预埋偏差的可靠构造；三是在立面上，模板水平背楞应避免与造楼机挂架走道板在同一平面。

图 2.10　模板系统悬挂提升示意图

2.2.7　安全防护系统设计

造楼机安全防护系统主要是指钢平台顶部走道板、外围立面防护、洞口临边防护等设施（图 2.11）。此类设施的设计除了应满足安全要求外，还应根据不同项目不同地域进行针对性设计。

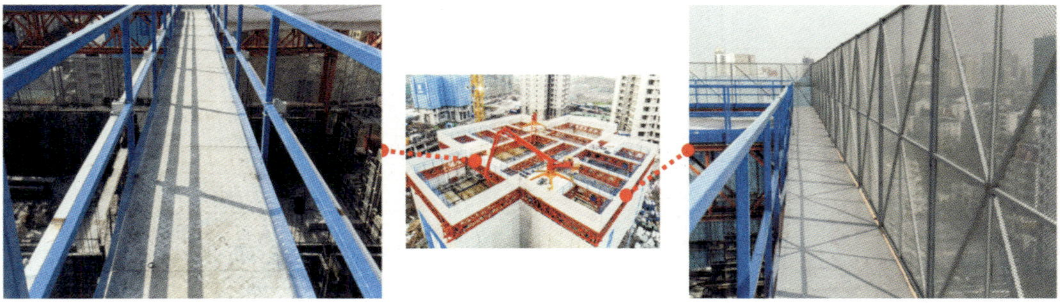

平台顶部人行通道及临边防护　　平台顶部外围立面防护及洞口临边防护

图 2.11　安全防护系统示意图

2.3　高承载力设计

2.3.1　支撑及动力系统的组成

支撑及动力系统（图 2.12）包括支撑立柱、附墙支座、顶升爬杆、顶升横梁、提升扁担及卡头、连接装置、顶升油缸、动力包及控制终端等。为了保证支撑系统与墙体连接的可靠性和安全性，支撑系统须进行限侧导向功能和防坠功能设计。

2.3.2 支撑及动力系统工作原理

2.3.2.1 造楼机传力机制

施工荷载通过钢平台传递给支撑立柱，然后传递至附墙挂座，附墙挂座与墙体采用螺栓连接并将力传递给墙体结构（图 2.13）。

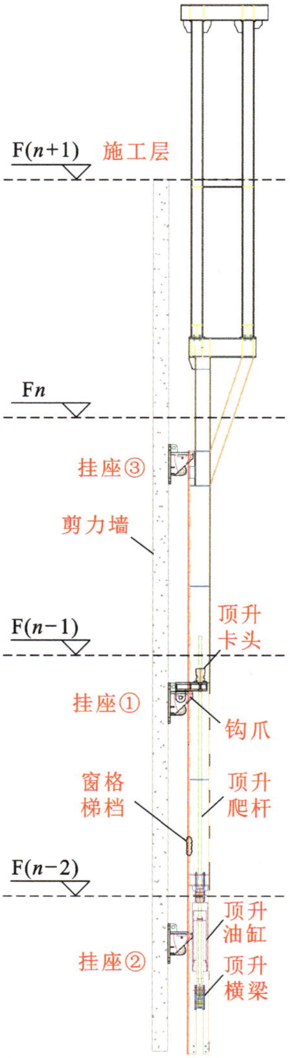

图 2.12 支撑及动力系统示意图

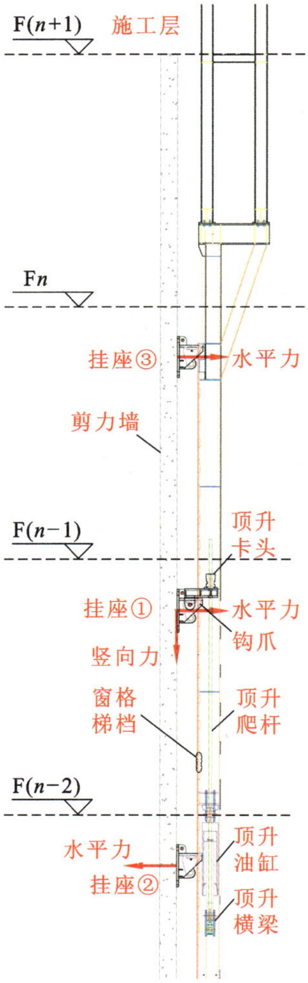

图 2.13 支撑系统与结构施工传力示意图

2.3.2.2　支撑系统运动原理

支撑系统由电控系统控制动力包，为顶升油缸提供伸缩动力，实现顶升。以楼层高度 3 m 为例，由电控系统实现多个支撑立柱内油缸的同步顶升，顶升时每小步升高 300 mm，共计十步实现 3.0 m/层的整体提升。顶升运动过程（图 2.14）描述如下：

（1）上次顶升结束至本次顶升前，做好准备工作：将挂座③安装至 F（$n-1$）预定位置，顶升卡头由 F（$n-2$）提升至 F（$n-1$）；

（2）顶升过程：先锁紧顶升卡头，顶升油缸活塞杆伸出向下推动顶升横梁，顶升横梁反力由顶升爬杆传递至顶升卡头，顶升卡头再将所受的力传递至挂座，先顶高 350 mm，待确认挂座中的钩爪全部进入支撑立柱的窗格梯档后，回缩油缸，直到立柱完全由挂座承力；

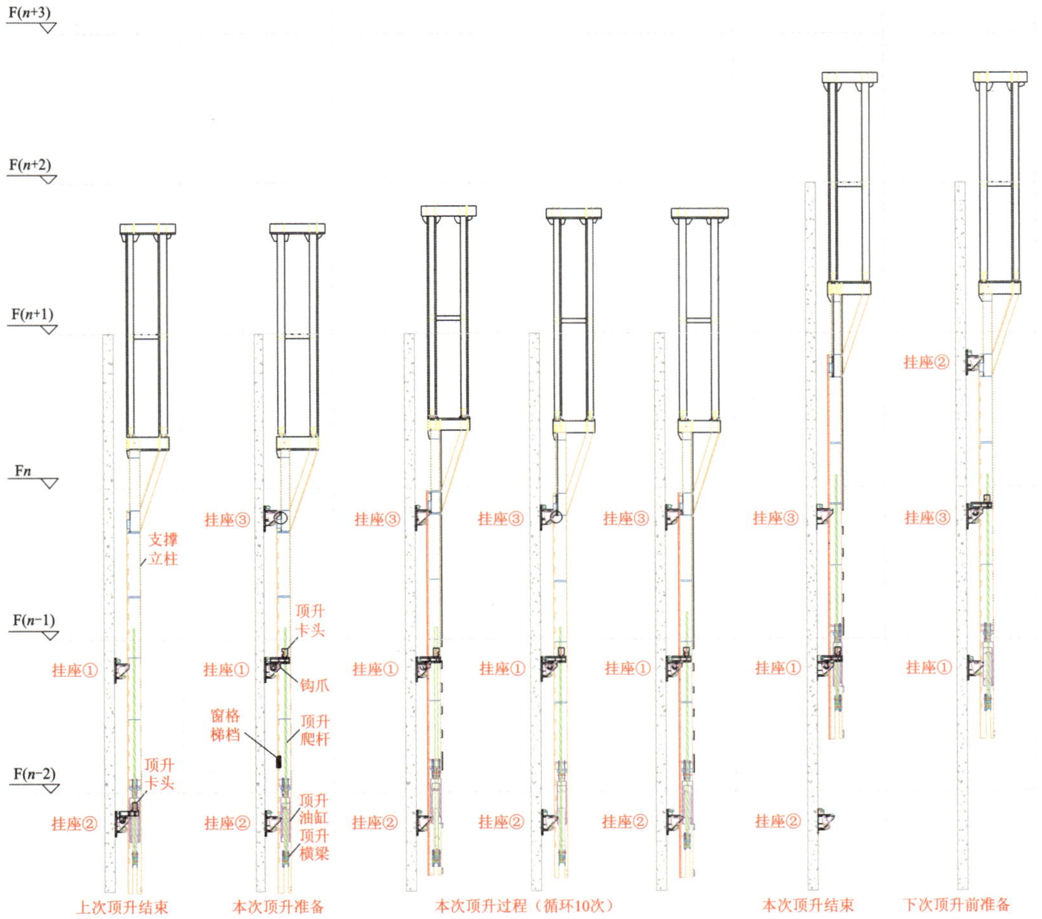

图 2.14　支撑系统顶升运动过程示意图

(3) 顶升过程循环 10 次后，模架整体上升一个楼层，到达预定高度；

(4) 拆除挂座②为下次顶升做准备。

2.4 周转性设计

2.4.1 支撑系统周转性设计

从支撑系统与顶升系统方面来说，支撑系统与结构的关系以及减小支撑系统的体积是设计时考虑的关键因素。首先在设计上考虑将支撑系统设置于主体结构墙体单侧，以达到减小支撑系统对结构的冲突和依赖目的；其次对油缸与动力泵站进行一体化设计，让造楼机的顶升摆脱动力泵站的束缚，以此实现支撑系统轻量化、避免占用水平结构施工区域；最后有工业一体化电液伺服直驱液压油缸系统的加持，以适应不同结构形式的需求，从而达到可周转的目的。

以某工程 A 为例，经过综合考虑，整个建筑平面需要布设 11 套支撑系统（图 2.15）以满足承载力及施工需求，某工程 B 需要布设 9 套支撑系统（图 2.16），在工程 A 使用结束后，即可将 9 套支撑系统周转至工程 B 进行使用。

2.4.2 钢平台系统周转性设计

通过对行业内相关方面的调研和分析，为达到钢平台周转目的，引入贝雷片的使用。贝雷片最早由二战时一名英国工程兵发明，以满足战争期间快速架设桥梁的需要。1965 年我国引入贝雷片，并将其广泛应用于我国交通、市政水利工程，成为当时我国应用最广泛的组装式桥梁（图 2.17）。这种组装式桥梁具有结构简单、运输方便、架设快捷、载重量大、互换性好、适应性强的特点。

国内最常用的两种贝雷片体系为“321”型贝雷片和“200”型贝雷片。“321”型贝雷片桁架高度为 1.4 m、长度为 3.0 m，“200”型贝雷片桁架高度为 2.134 m、长度为 3.048 m，两种形式贝雷片宽度均为 176 mm。贝雷片主要由 10＃槽钢、型钢、钢板等焊接组成。经过分析，“321”型贝雷片经济性及承载力方面均能满足造楼机的需要，并且能实现各种工程的通用。在具体设计时，利用贝雷片的装配式节点特性优化原有构造（图 2.18、图 2.19），使得连接安装更方便，并在此基础上建立贝雷片构件库（图 2.20、图 2.21），以便于在不同工程的钢平台设计时选用，减少重新制作量。

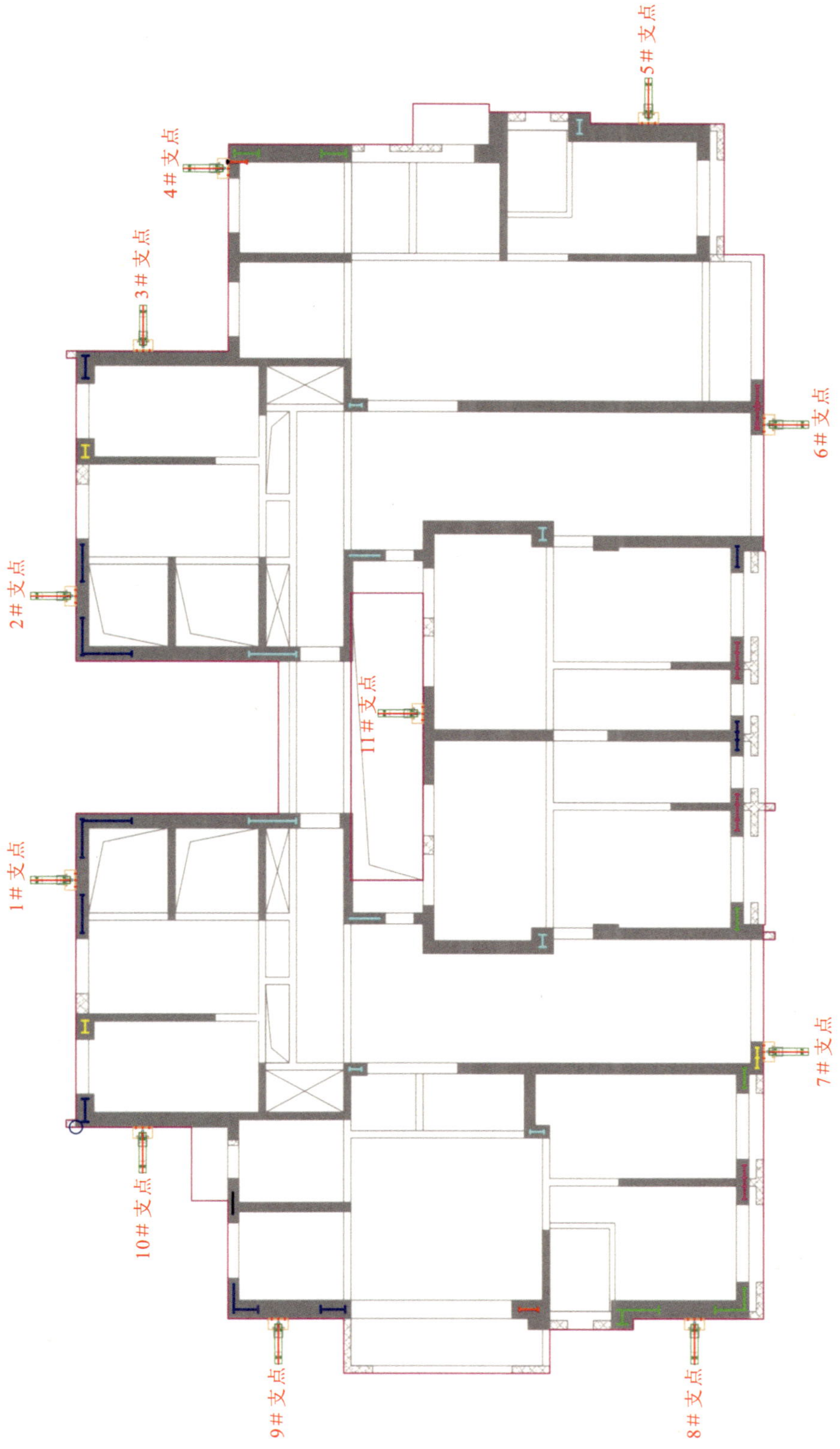

图 2.15　某工程 A 支撑系统平面布置图

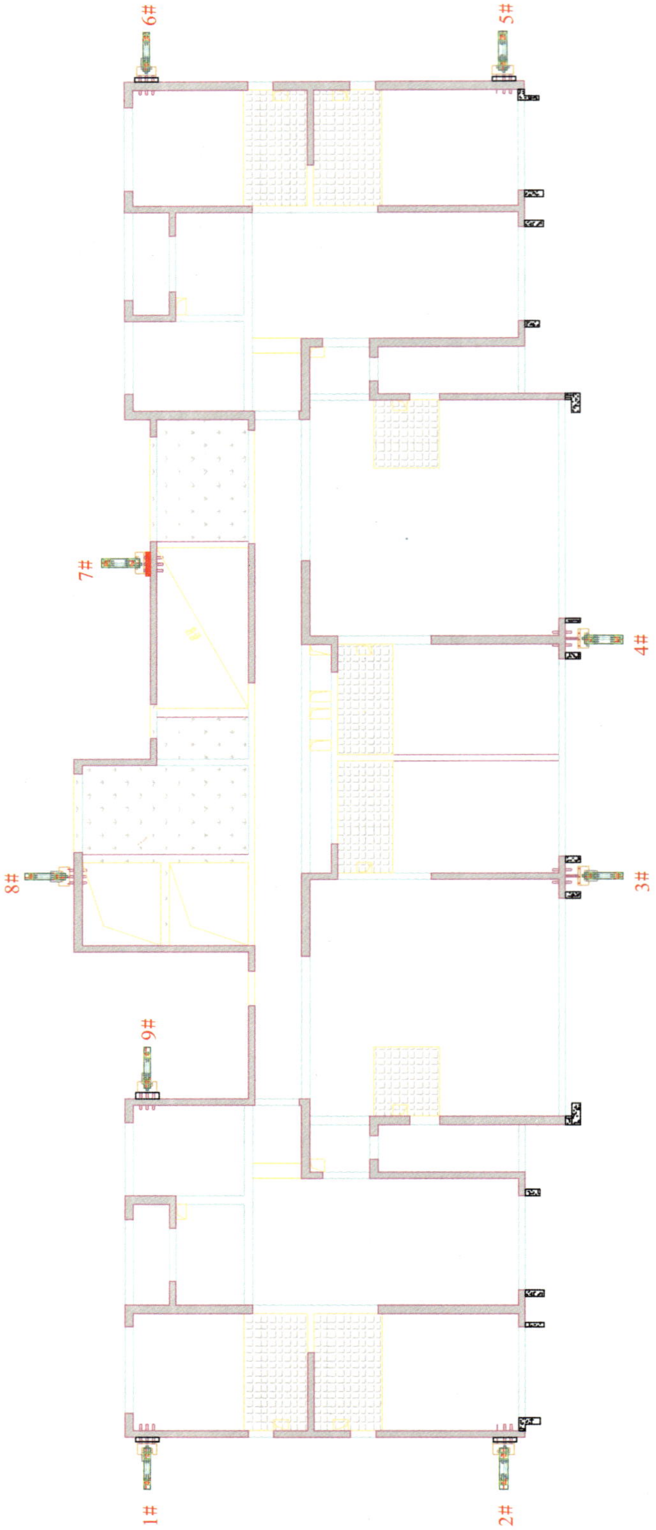

图 2.16 某工程B支撑系统平面布置图

图 2.17　贝雷片用于桥梁工程临时栈桥

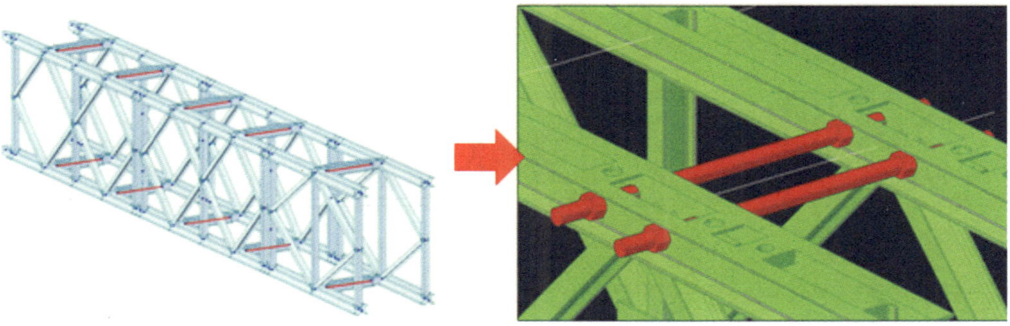

图 2.18　双榀贝雷片连接优化示意图

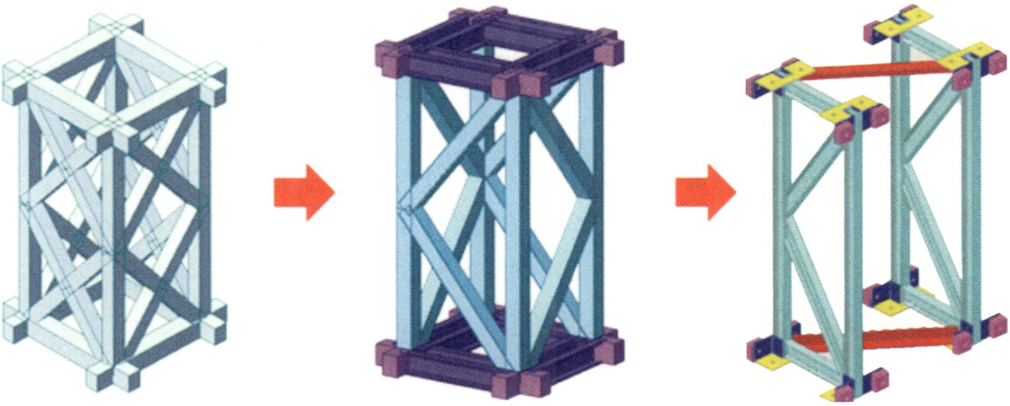

图 2.19　双榀贝雷片互相交叉连接优化示意图

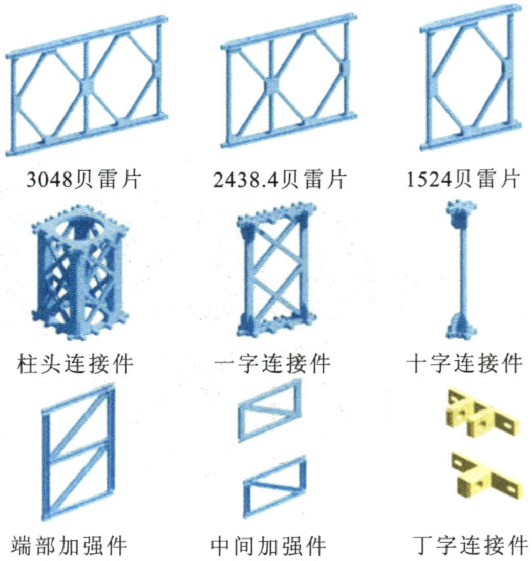

图 2.20　贝雷片构件库示意图

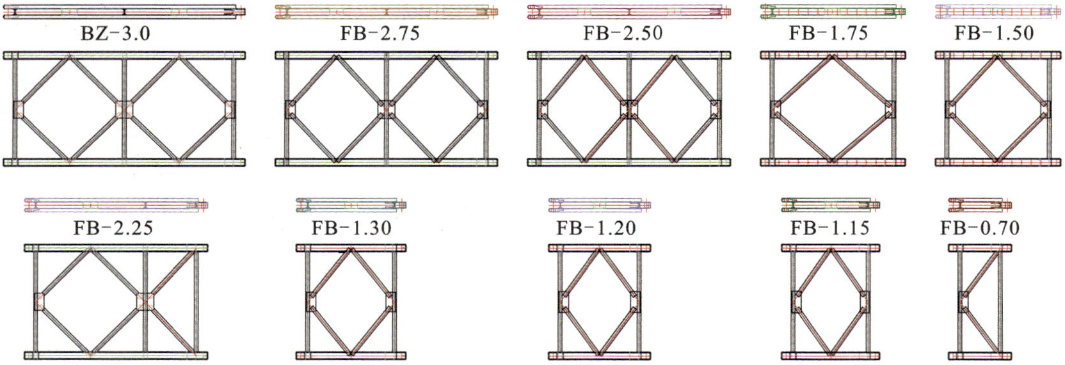

图 2.21　贝雷片型号示意图

以某工程 C 为例，设计使用 3.0 m 规格贝雷片 185 件，2.75 m 规格贝雷片 15 件，1.75 m 规格贝雷片 8 件，1.20 m 规格贝雷片 5 件。后续某工程 D 设计使用 3.0 m 规格贝雷片 165 件，2.75 m 规格贝雷片 15 件，1.75 m 规格贝雷片 10 件，1.20 m 规格贝雷片 6 件，0.70 m 规格贝雷片 4 件。在生产制造时，仅须重新制作 1.75 m 规格贝雷片 2 件，1.20 m 规格贝雷片 1 件，0.70 m 规格贝雷片 4 件。贝雷片新进场和使用完成后的实景图见图 2.22、图 2.23，使用完成后无须进行额外处理即可周转使用，只需要根据具体工程所需构配件，进行少量增补即可。

为了进一步提高安装效率以及减少高空危险作业，优化平台顶部铺板，将原有大面整块铺板设计为小模块通用型压型板（图 2.24），部分铺板可在地面预拼后再装在钢平台上，简化铺板工作，提高施工效率，使铺板单元板块实现标准化、轻量化，周转率更高。

图 2.22　贝雷片新进场实景图

图 2.23　贝雷片使用后实景图

图 2.24　钢平台顶部模块化铺板实景图

2.4.3 挂架系统周转性设计

针对挂架系统设计，将挂架构件分为吊杆、横杆、纵向龙骨、单元式走道板、防护网片以及各类连接件，大宗材料采用市面常用型材，建立挂架标准件图库（图 2.25），以此提高周转率。

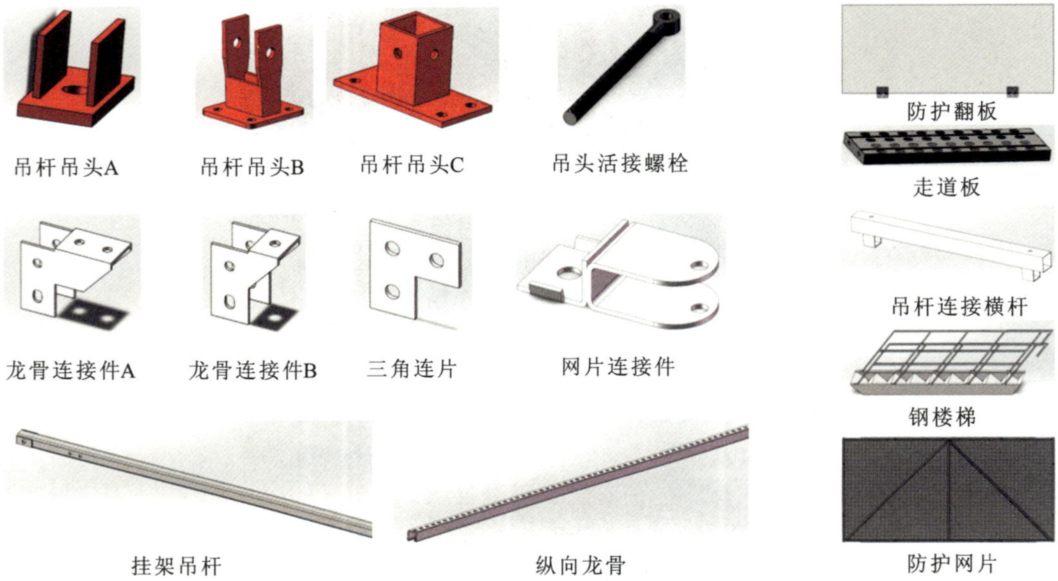

图 2.25 挂架标准件图库示意图

2.5 高适应性设计

2.5.1 支撑系统高适应性

支撑系统高适应性得益于其平面投影面积较小，可附着于墙体单侧，因此，支撑系统的布置可以有更多的选择。以某工程 E 为例，从该工程建筑平面图上看，建筑平面形状为半月形，为异形平面，墙体断点多，转角多，存在多个电梯井、风管井等竖向井道，经过综合考虑，共布置 11 个支撑点位（图 2.26）。在布置支撑系统时，虽然以竖向井道为优先考虑位置，电梯井道设计尺寸足以满足支撑点位所需空间，但是穿过水平楼板的情况难以避免。因此对于个别点位须在水平楼板上为支撑系统预留空间，预留洞口尺寸为 1500 mm×850 mm（图 2.27），该尺寸对结构的施工影响可以忽略不计。

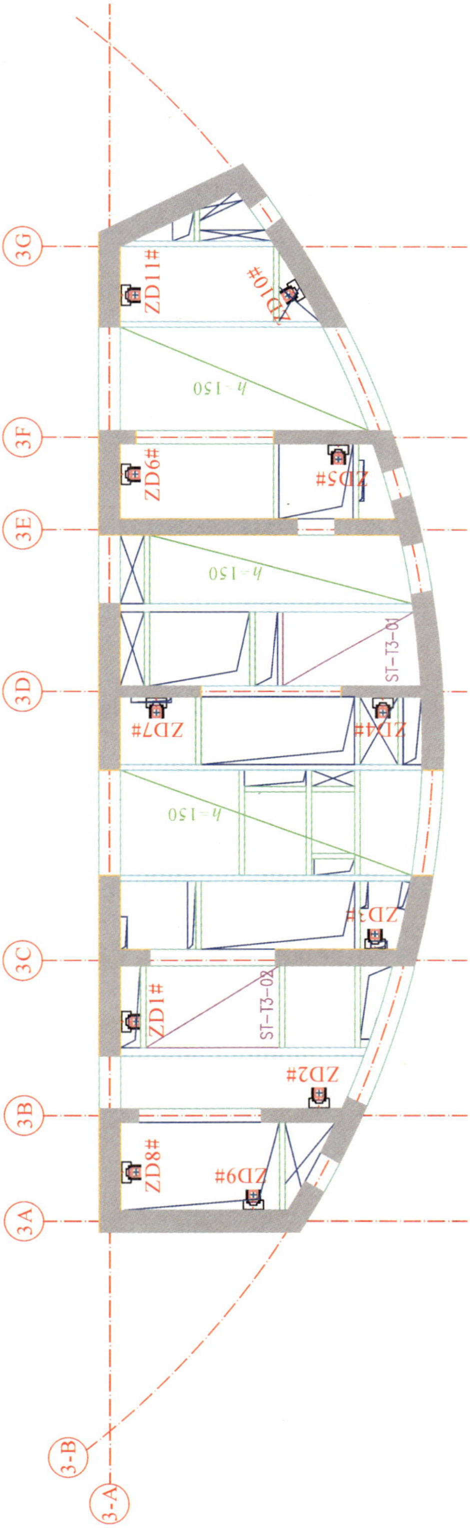

ST-T3—室内电梯-3号电梯；ZD—支点

图 2.26　某工程 E 造楼机支撑系统平面布置图

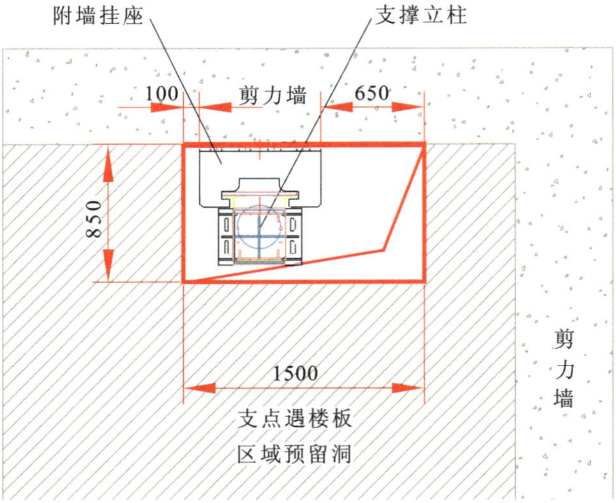

图 2.27 某工程 E 水平楼板预留洞示意图

2.5.2 钢平台系统高适应性

综合考虑核心筒墙体平面布局及平面变化，钢平台跨度、承载能力以及周转率，将部分贝雷片替换为型钢焊接桁架，采用焊接桁架＋贝雷片的组合形式（图 2.28）实现轻量化设计并满足承载力需求。钢平台由 H 型钢桁架、贝雷片、阴阳头连接件、连接片以及螺杆和螺栓组成。在满足同等施工条件及需求的情况下焊接桁架＋贝雷片组合形式具有平面布置更灵活、承载力分布更合理、可更好地适应结构变化、同等承载力条件下架体更轻、安拆效率高等优势。

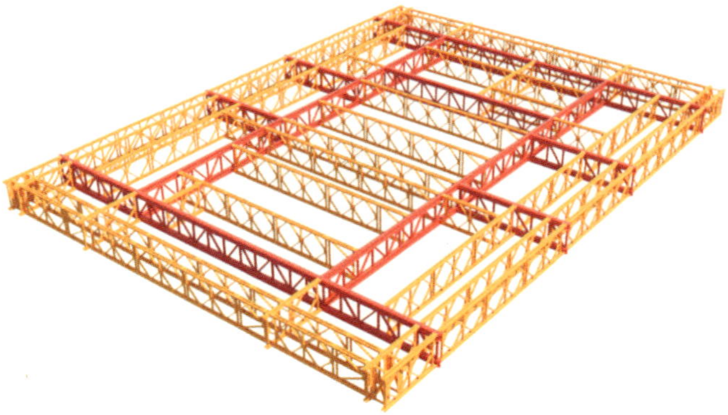

图 2.28 焊接桁架＋贝雷片的组合式钢平台示意图

以某工程 E 为例，造楼机钢平台在布置时，需要综合考虑支撑点位、建筑平面形状及变化、墙体内钢骨柱、平台顶部承载能力等因素，因此将钢平台设计为焊接桁架＋贝雷片的组合形式（图 2.29、图 2.30）。

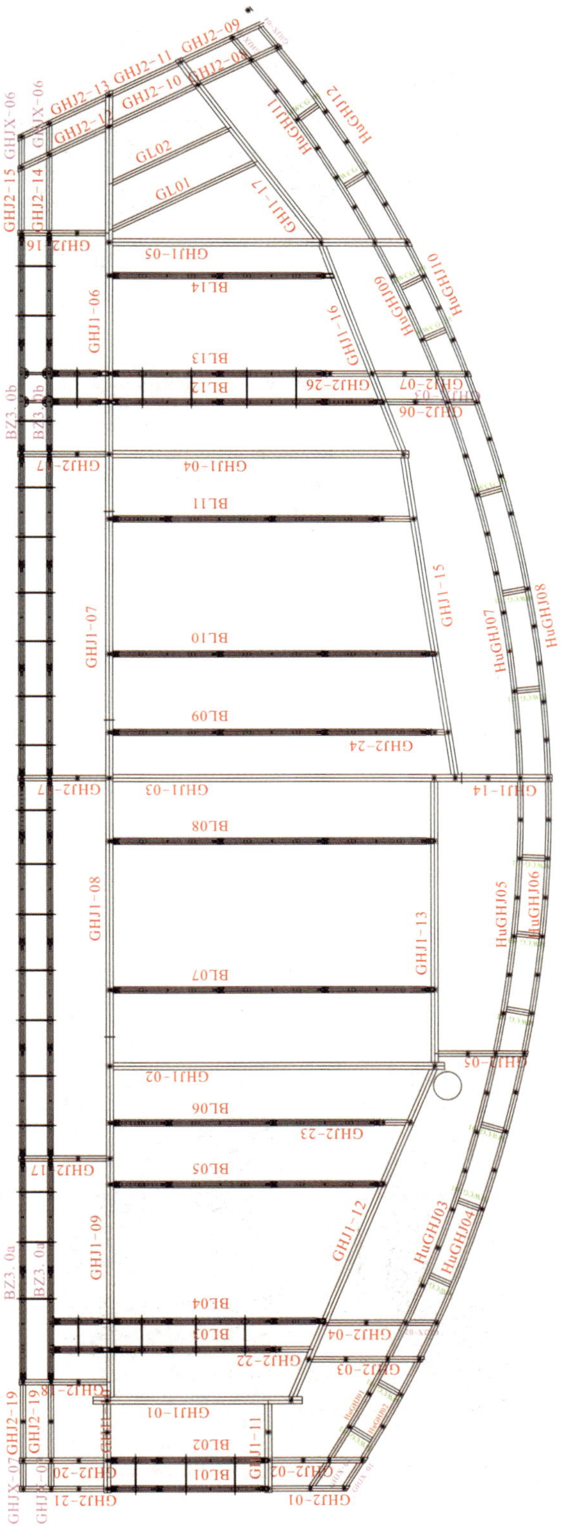

GHJ—钢桁架；BL—贝雷梁；HuGHJ—弧形钢桁架；
GL—钢梁；MWCG—桁架的平面外撑杆

图 2.29　钢平台平面布置图

图 2.30　焊接桁架＋贝雷片组合式钢平台实景图

图 2.31　弧形焊接桁架实景图

焊接桁架＋贝雷片组合形式的钢平台主要解决以下问题：

（1）建筑平面异形匹配问题

建筑平面呈半月形，弧形部分贝雷片无法适用，因此该部分采用适应性强的焊接桁架（图 2.31），直线部分仍采用贝雷片。这样一方面可以减小钢平台悬挑长度，降低安全风险；另一方面可以匹配建筑外形，减小对其他吊装的影响。

（2）钢平台避让钢骨柱问题

该工程中钢骨柱共 32 根，分布于剪力墙内。出于安装工序需要，墙体内钢骨柱需超前安装，钢骨柱高于钢平台，因此钢平台桁架不但需要给钢骨柱预留吊装洞口，还应完全避开钢骨柱所在位置（图 2.32）。

图 2.32　钢平台上部预留吊装洞口及避让钢骨柱实景图

（3）建筑平面变化问题

该工程建筑平面自 25 层开始发生较大变化，主要为平面收变（图 2.33、图 2.34），为了适应这种变化，须在钢平台设计阶段考虑拆变节点，以便于造楼机实现快速拆变（图 2.35 至图 2.37）。

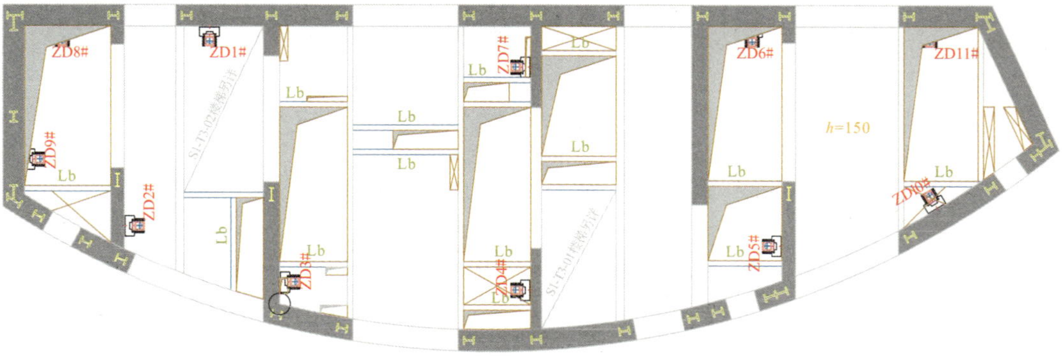

Lb—次梁 b；Ld—次梁 d；h—楼板厚度

图 2.33　1～25 层建筑平面示意图

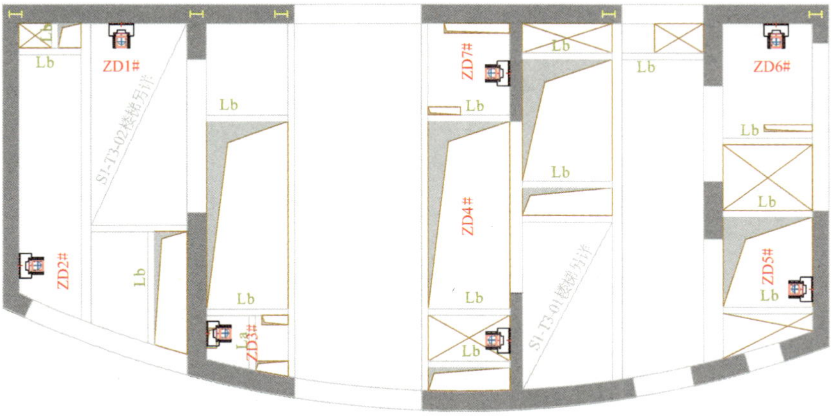

Lb—次梁 b；Ld—次梁 d；h—楼板厚度

图 2.34　26 层及以上建筑平面示意图

2.5.3　挂架系统高适应性

挂架系统的高适应性主要体现在适应结构墙体厚度变化及建筑平面变化，为此，专门设计一种可以平移滑动的装置（图 2.38），用以实现挂架靠近或远离墙体一端。

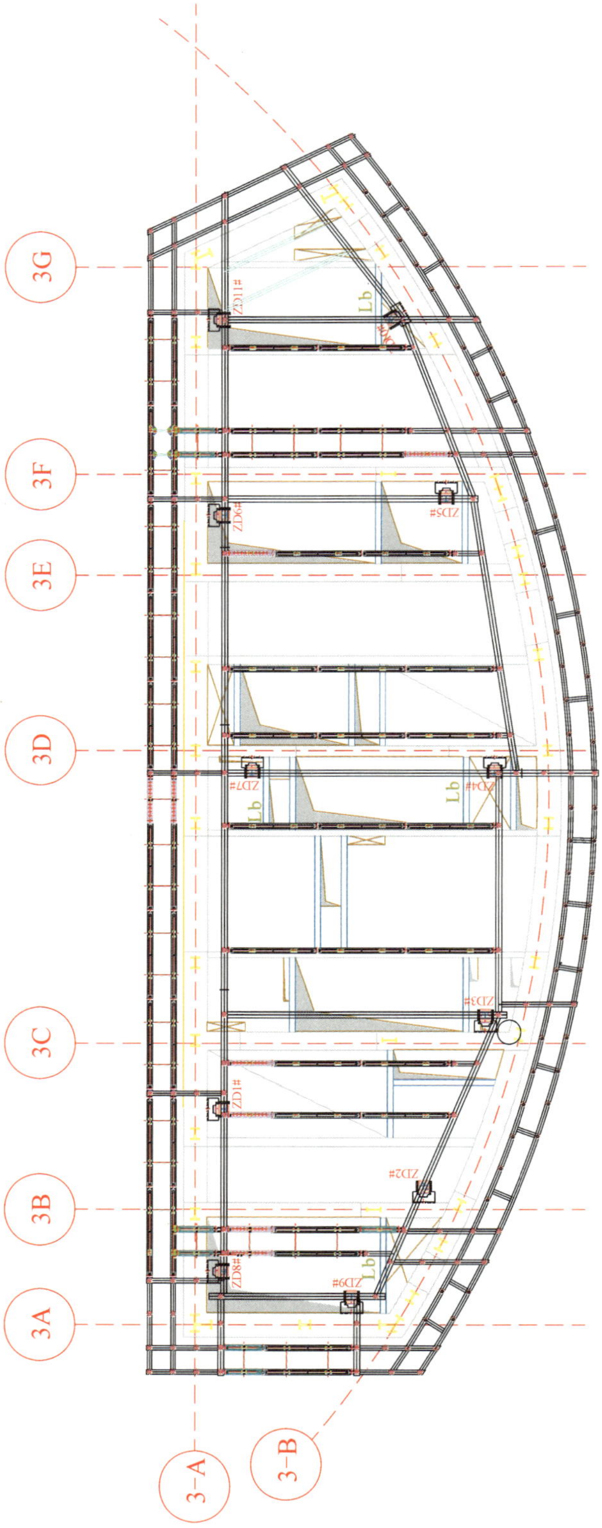

Lb—次梁b；Ld—次梁d；*h*—楼板厚度

图 2.35　钢平台初始状态平面示意图

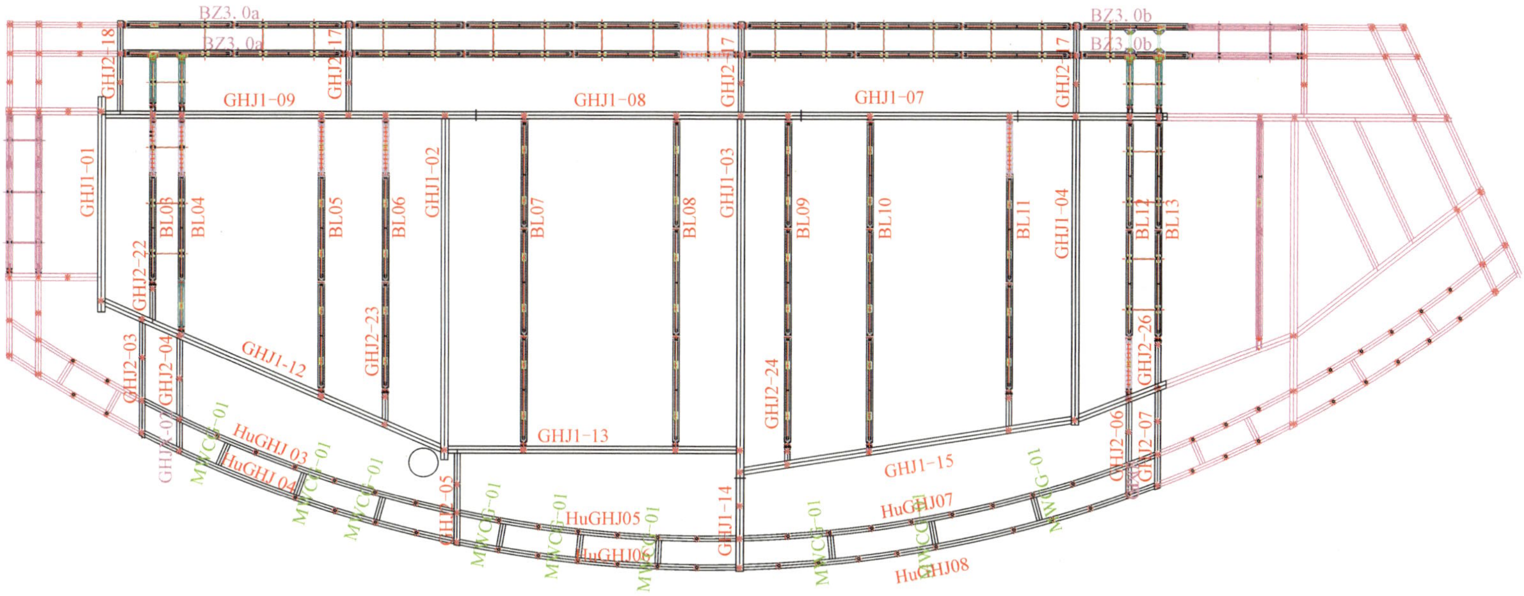

GHJ—钢桁架；BL—贝雷梁；HuGHJ—弧形钢桁架；
GL—钢梁；MWCG—桁架的平面外撑杆

图 2.36　钢平台拆除部分(洋红色线条)示意图

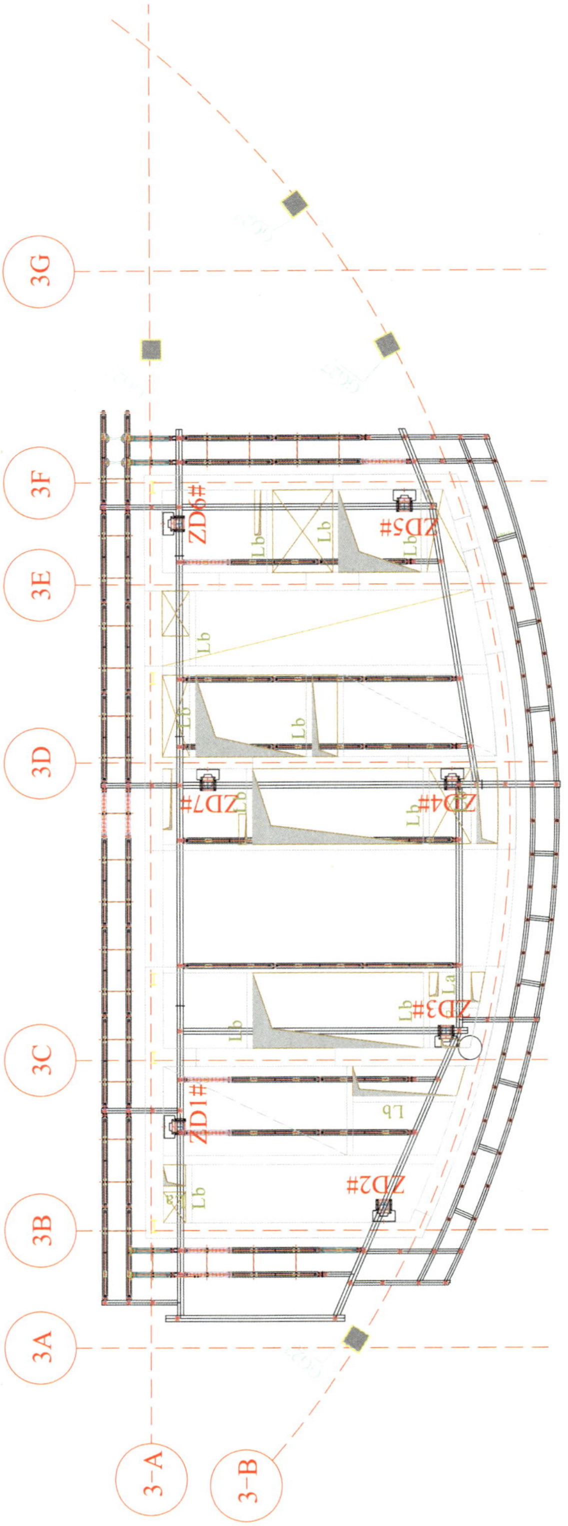

图 2.37 钢平台拆变完成后平面示意图

图 2.38　平移滑动装置与挂架连接实景图

2.6　安全性设计

2.6.1　安全防护设施设计

（1）洞口与临边防护

①钢平台顶部外围临边防护

钢平台顶部外围设置防护网形成安全封闭的防护屏，具体见图 2.39、图 2.40。

②钢平台顶部洞口临边防护

钢平台在作业面上预留大面积洞口，方便钢筋绑扎、钢筋吊装及材料传递。洞口周边设置防护栏杆并设踢脚板，具体如图 2.41、图 2.42 所示。

（2）挂架立面防护

挂架立面防护是指挂架外立面防护网以及靠近建筑物一侧的临边防护。外立面防护网直接附着于挂架外吊杆上，根据挂架总高度划分为若干单元，最顶部和最底部采用非基本模数弥补空隙（图 2.43、图 2.44）。靠近建筑物一侧的临边防护主要采用钢丝绳或链条等柔性材料架设于挂架吊杆之间，顺墙布设（图 2.45），另外在作业层以及挂架最底部兜底层设置可开合翻板（图 2.46），这样既不妨碍作业人员施工，又能起到防坠落作用。

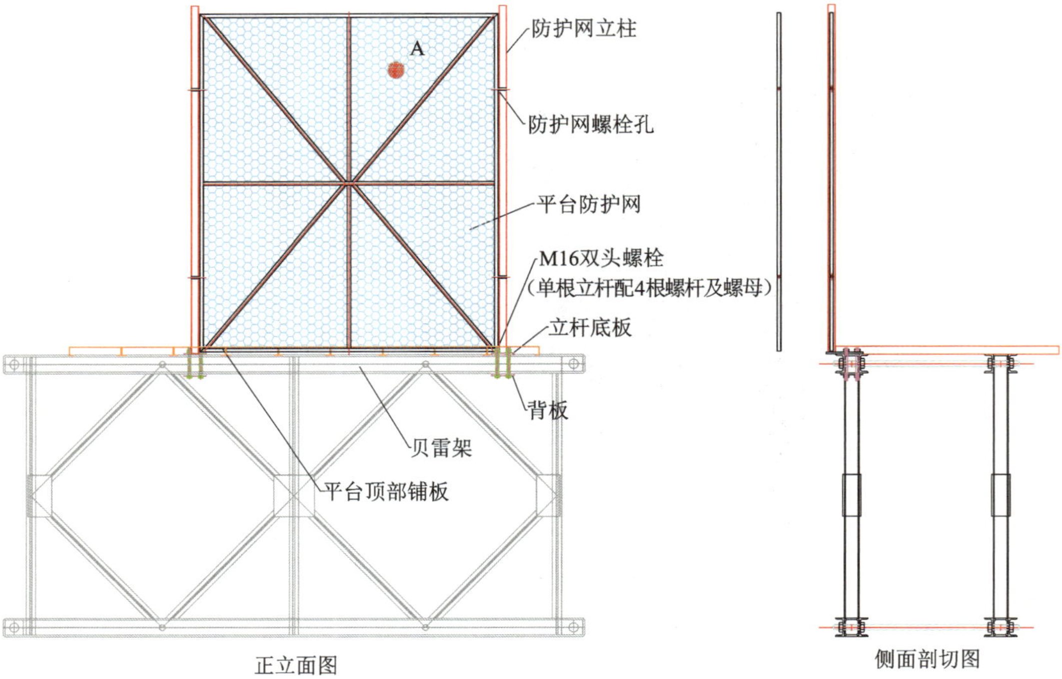

图 2.39 钢平台顶部外围防护屏构造示意图

图 2.40 钢平台顶部外围防护屏实景图

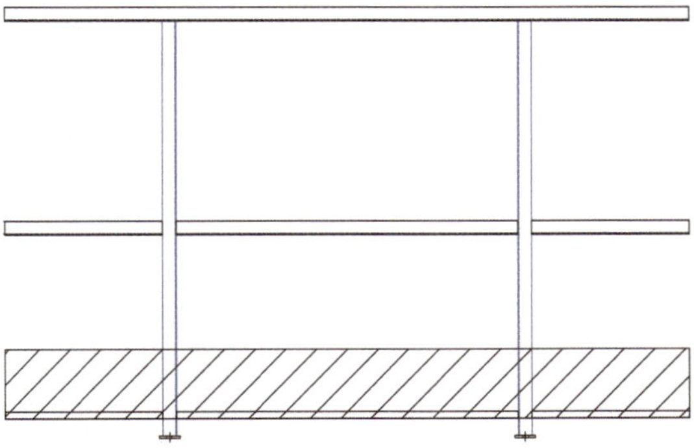

图 2.41　钢平台顶部洞口临边防护栏杆示意图

图 2.42　钢平台顶部洞口临边防护栏杆实景图

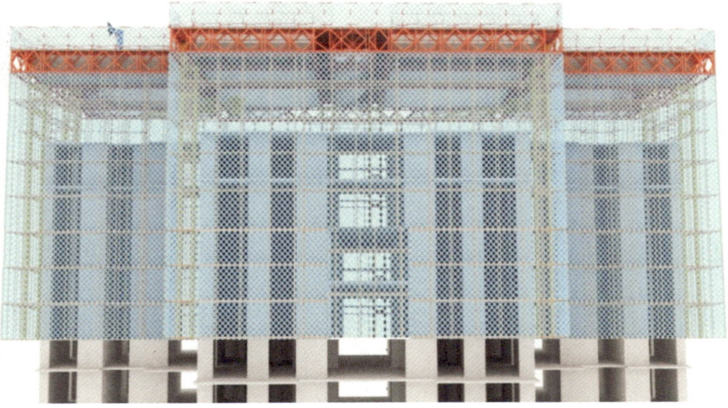

图 2.43　挂架外立面防护网示意图

图 2.44　挂架外立面防护网实景图

图 2.45　挂架靠近建筑物一侧拉设钢丝绳实景图

(3) 电气控制系统保护

电气控制系统是造楼机顶升动力系统的核心，该系统操控台设置于钢平台顶部的专用设备间及控制室内（图 2.47），防止雨水等不利因素影响设备正常使用。液压管线及电缆线主要依附钢平台桁架下弦以及支撑立柱进行布设，液压管路为钢管，采用专用钢夹固定即可；钢平台上的电缆线采用 PVC 线槽保护，设置明显标识；顶升动力系统动力包的电缆线固定在支撑立柱内部，防止意外触碰损坏，确保系统正常运行。

图 2.46 挂架底部兜底层可开合翻板实景图

图 2.47 控制室实景图

2.6.2 顶升过程防坠设计

造楼机顶升时坠落及倾覆风险最高，因此，专门设计一种防坠装置以提高支撑系统顶升过程中的安全度。通过对附墙支座端面开口轮廓与支撑立柱截面轮廓进行啮合匹配设计实现防倾覆功能（图 2.48），支座钩爪顶住支撑立柱梯档（图 2.49），限制导轨下坠，实现防坠功能。

图 2.48 支撑立柱防倾覆示意图

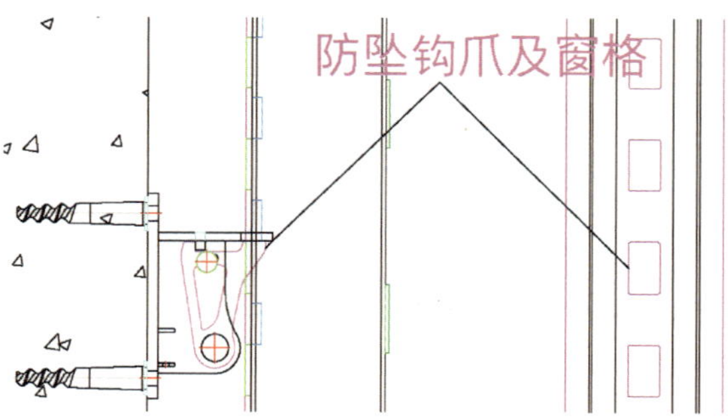

图 2.49 支撑立柱防坠示意图

2.6.3　安全监测设计

造楼机的监测监控重点是钢平台平整度、支撑立柱垂直度等，拟在钢平台、支撑立柱上分别设置监测点，并结合楼层基准控制点进行监测，发现支撑立柱垂直度等出现偏差时应及时纠正。以某工程 F 中使用的造楼机安全监测设计为例。

（1）监测点的设置

工程 F 中使用的造楼机共布置 9 个支撑系统，在支撑立柱上分别布置 K1～K9 共 9 个监测点，主要用来观测支撑立柱相对平整度及相对于墙体的偏扭情况，同时用来监测支撑立柱垂直度；钢平台顶部设置 K10～K14 共 5 个监测点（图 2.50、图 2.51），主要用来观察每次顶升后钢平台的水平位置移动情况及相对标高变化情况。每次顶升完成后进行一次复测。

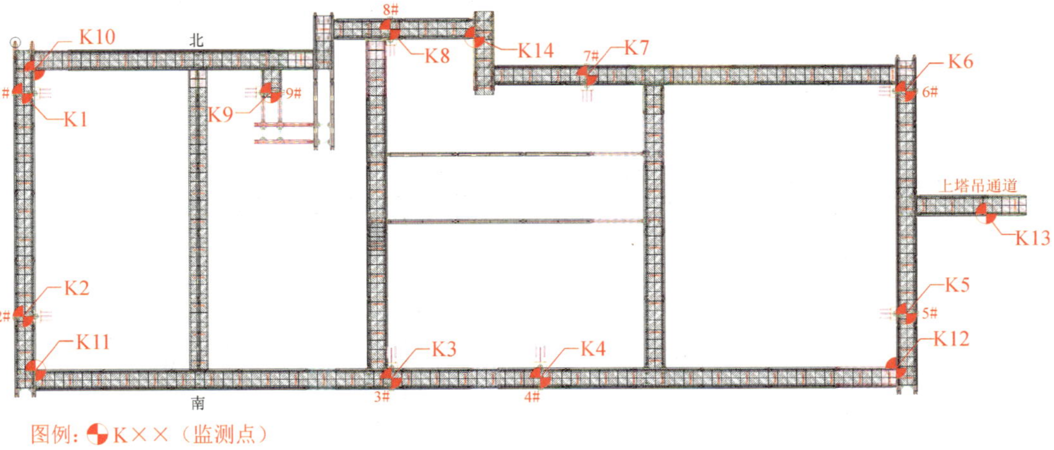

图 2.50　造楼机监测点位平面布置示意图

（2）楼层基准控制点的布置

在 5F、15F、25F 外墙 1 m 高度处设置 9 个基准控制点（图 2.52），9 个点经测量复核闭合后方可使用，从 5F、15F、25F 分别向上投测至外墙模板的板底，作为每层模板位置控制的依据。

（3）造楼机各支撑点位高差及偏扭纠正措施

①每次顶升结束后，测量人员应立即测量平台上相应点的标高，找出各点之间的高差。

②每次顶升结束后，测量人员须利用从下部楼层测量控制点引测上来的 9 个点，校核固定在钢平台上的 K10～K14 5 个点，并对比实测的距离数据与理论数据，得到平台偏移或扭曲的数值，并做好记录。

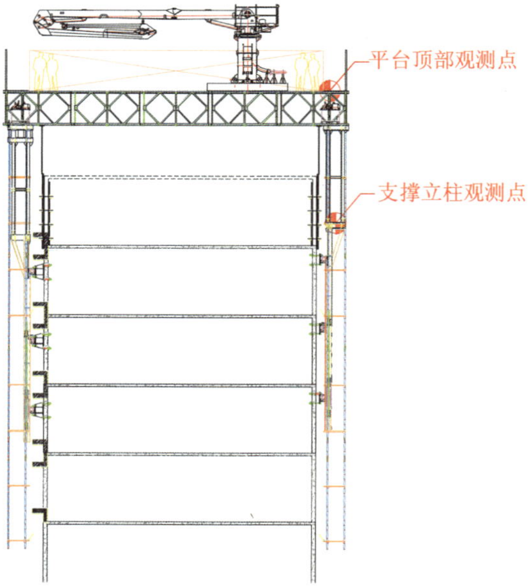

图 2.51　造楼机监测点位立面布置示意图

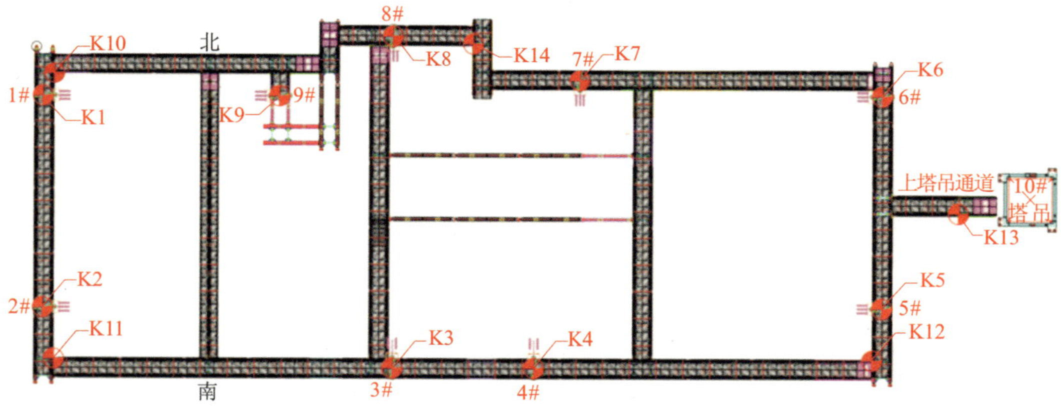

图 2.52　楼层基准控制点平面布置示意图

③下次顶升前，顶升控制人员根据偏差值，采用单独顶升一个或多个油缸的办法将偏扭的平台校正，消除上次顶升产生的高差及偏扭。

2.7　智能化设计

造楼机的智能化设计主要体现在顶升动力系统。顶升动力系统由工业一体化产品——电液伺服直驱液压设备和辅助传感器组成，用以驱动造楼机智能顶升，通过在液压设备上集成辅助传感器实现一键顶升，顶升过程对人的依赖程度更低，顶升速度更快。

2.7.1　基本功能描述

造楼机的动力系统采用电液直驱液压系统，基本原理为通过调速电机驱动双向液压泵，由双向液压泵直接驱动液压缸提升。整个系统由电液直驱油缸、电气控制柜、连接电缆等组成，多个电液直驱油缸通过油压和实时位移进行监控和同步动态调整，实现多个油缸的同步提升。同时，在故障状态下，可对每个电液直驱油缸进行手动应急操作，可将单个油缸放回最低位。电液直驱液压系统能在潮湿环境、平台正常营运中产生的振动和冲击下正常使用。

2.7.2　主要构成

电液直驱液压系统的组成部件如表 2.1 所示。

表 2.1　电液直驱液压系统的组成部件表

序号	部件名称	功能
1	电液直驱油缸	智能顶升模架提升的动力系统，含油缸、电机泵组及附件等
2	电气控制柜	接受智能顶升模架中控室指令，控制多个电液直驱油缸同步提升，含控制软件、操作端 HMI（触摸屏）
3	连接动力电缆	将电机动力信号从电气控制柜传递至电液直驱油缸，含专用插头
4	连接信号屏蔽电缆	将传感器信号从电气控制柜传递至电液直驱油缸，含专用插头

电液直驱液压系统的技术参数如表 2.2 所示。

表 2.2　电液直驱液压系统技术参数表

序号	名称	参数
1	工作环境温度	−10～+45 ℃
2	相对湿度	95%
3	防护等级	IP46 及其以上
4	工作电制	380 V/50 Hz/3 A
5	电机额定功率	2 kW
6	电机绝缘等级	F 级
7	液压泵类型	双旋向柱塞泵
8	液压泵最高使用压力	30 MPa
9	液压泵最高峰值压力	35 MPa
10	工作制	非连续工作制 S3

续表 2.2

序号	名称	参数
11	电机驱动器	可控制电机转速
12	油缸推力	最大 100 t
13	油缸回收力	>5 t
14	油缸额定工作压力	25 MPa
15	油缸顶推速度	最大 200 mm/min
16	油缸安装方式	双耳轴安装
17	油缸内径	160 mm
18	活塞杆直径	100 mm
19	油缸行程	400 mm
20	油缸位移传感器	内置磁致伸缩位移传感器
21	压力传感器	在液压泵出口和油缸无杆腔、有杆腔设置压力传感器
22	液压油	HM46＃抗磨液压油
23	多缸同步精度	<10 mm

2.7.3 技术方案

(1) 电液直驱油缸

针对造楼机顶升系统的工况和技术要求，设计完成的电液直驱油缸的整体结构如图 2.53 所示。

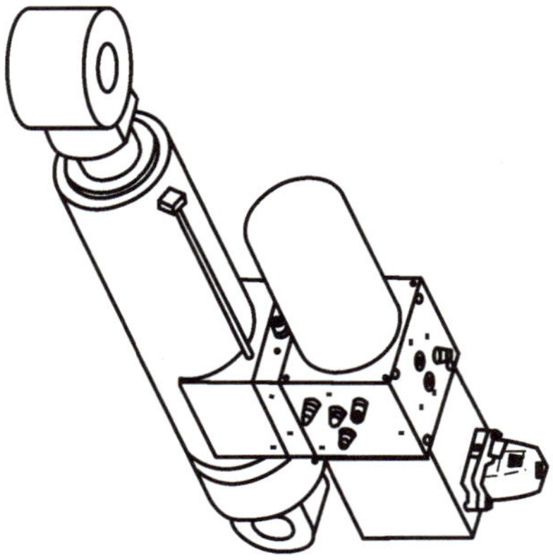

图 2.53 电液直驱油缸示意图

(2) 电气控制柜

电液直驱顶升系统中电气控制柜的硬件组成部件如表 2.3 所示。

表 2.3　电液直驱顶升系统电气控制柜的硬件组成部件表

序号	部件名称	说明
1	柜体	尺寸及结构详见说明书
2	HMI 触摸屏	人机交互画面操作
3	电机驱动器	接受指令，控制电机速度
4	CPU 模块	同步控制算法及逻辑控制
5	SSI 模块	位移传感器信号采集
6	AI 模块	压力传感器信号采集
7	AO 模块	伺服电机速度调节指令
8	DI 模块	开关量信号输入
9	DO 模块	开关量信号输出
10	电源模块	供电
11	断路器、开关等附件	电控柜配套附件

电控系统有手动、自动两种模式。

手动模式通常用于检修工况：手动模式下，可以单独调节每一个电液直驱执行器的上升、下降、停止。

自动模式通常用于本地操作同步提升工况：自动模式下，多缸同步功能自动进行，可实现本地操作指令的同步上升、下降、停止。

电气控制柜操作面板设置有提升系统手动操作按钮及运行状态指示灯，见图 2.54、图 2.55。

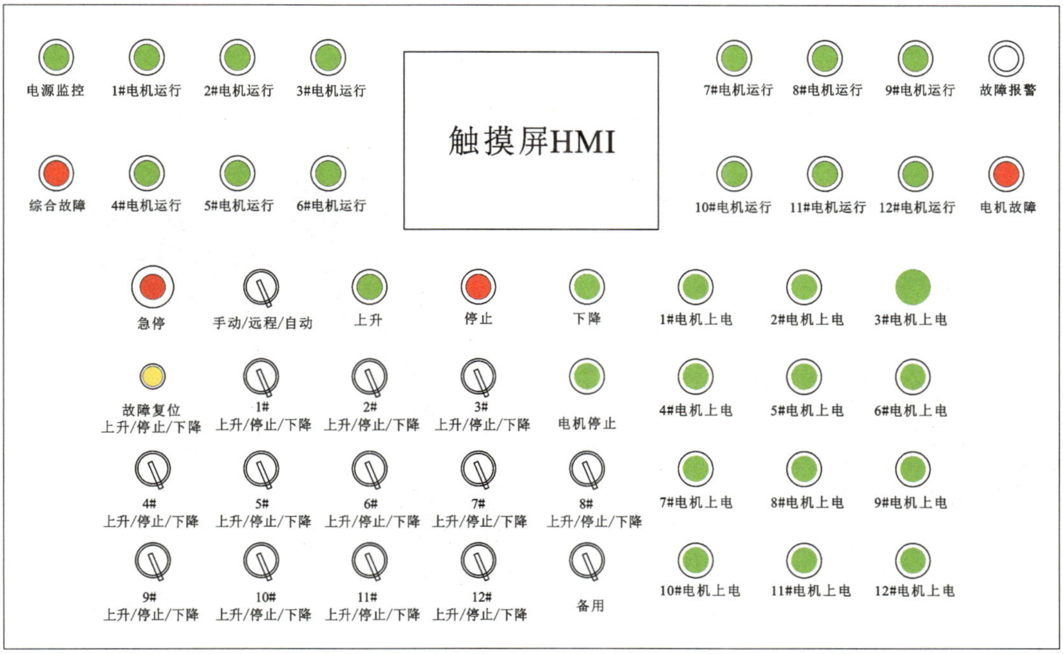

图 2.54　电气控制柜操作面板示意图

图 2.55　电气控制柜操作台实景图

2.8　施工装备集成设计

2.8.1　遥控布料机的集成

混凝土浇筑所用的布料机是遥控布料机（图 2.56、图 2.57），设置在造楼机钢平台上部，不但可以浇筑建筑整个平面的混凝土，还能减少对已绑扎成型的楼板钢筋的扰动。

图 2.56　遥控布料机在钢平台上部实景图

图 2.57　遥控布料机浇筑混凝土实景图

2.8.2　施工电梯的集成

造楼机上可集成井道施工电梯（图 2.58）或满足常规施工电梯的附着（图 2.59），电梯与造楼机融为一体，充分发挥井道内安全高效优势，实现施工流程的无缝衔接，极大提高工作人员及材料垂直运输效率。

图 2.58　造楼机集成井道施工电梯实景图

图 2.59　常规施工电梯附着于造楼机实景图

2.8.3 辅助吊装设备的集成

造楼机上可集成辅助吊装设备（图 2.60），减少装配式构件吊装时对塔吊的占用时间，提高施工效率，同时与智慧工地物联系统相结合，推动建筑施工智能化、工厂化、流水化。

图 2.60　造楼机上集成辅助吊装设备实景图

2.8.4 临时用电的集成

造楼机内照明系统等临时用电设施布设如同工厂车间（图 2.61、图 2.62），可以满足夜间施工需要，也可以为特殊时段抢工提供有利条件。

图 2.61　造楼机内部集成配电箱实景图

图 2.62　造楼机内部照明实景图

2.8.5　临时用水的集成

造楼机内部可集成临时水箱（图 2.63），用于为消防系统（图 2.64）及喷淋系统（图 2.65）供水。消防系统可以为作业面动火作业提供安全保障，喷淋系统可以实现对施工作业面的喷淋降尘、降温。经统计，夏季高温时期造楼机内温度平均比大气温度低 15 ℃以上，充分体现“类工厂”作业环境的优势，提升文明施工形象。

图 2.63　造楼机内部临时水箱实景图

图 2.64　造楼机内消防系统实景图

图 2.65　造楼机内喷淋系统实景图

2.8.6　可开合天幕的集成

在钢平台上安装可开合天幕（图 2.66）遮阳避雨，仿室内空间（图 2.67），打造了全天候类工厂施工作业环境，为实现房屋建筑工业化建造提供了一套先进的解决方案。在某工程 G 的应用中，经统计，夏季高温时期造楼机内温度平均比大气温度低 15 ℃以上；雨季时期相较于传统施工方法，造楼机可增加施工时间 20 d 以上；有效降低对外界有影响的施工噪声 15 dB 以上，可以为特殊时段抢工提供有利条件。

图 2.66　可开合天幕外观实景图

图 2.67　造楼机内部仿室内空间作业实景图

第 3 章

造楼机的制造与管理

3.1 制造准备

3.1.1 造楼机设计管理流程

项目部在熟悉造楼机相关资料后，编制项目应用目标需求清单、项目资料清单（表 3.1），并在一周内组织相关人员现场踏勘，充分沟通后在现场整理形成完整的设计条件，并明确造楼机设计目标。下一步依据项目总工期计划编制设计工作分计划，并在设计过程中结合现场实际进度情况进行动态调整和纠偏，确保设计工作进展不影响后续进度时间节点。

表 3.1 项目资料清单

序号	资料名称	要点描述	备注
1	合同要求	关于应用楼栋施工进度、质量的要求	
2	现场进度计划	应用楼栋的结构施工计划	
3	现状照片	应用楼栋现状及周边环境	
4	最新版施工图纸	应用楼栋及周边地下室的结构、建筑图纸	
5	施工平面布置	应用楼栋周边道路及堆场	
6	大型机械配置	塔吊、电梯、地泵等配置及定位	
7	项目实施策划	应用楼栋的总体策划	
8	精益建造策划	应用楼栋的穿插施工部署	
9	管理人员配置	应用楼栋的相关管理人员介绍	
10	劳务队伍配置	应用楼栋的劳务队伍介绍	
11	风荷载	所在地风荷载情况	

续表 3.1

序号	资料名称	要点描述	备注
12	雪荷载	所在地雪荷载情况	
13	极端天气	所在地近两年高低温天气情况	
14	政策要求	所在地对特种架体的管理规定	

3.1.2 具体设计开展

(1) 总体设计步骤

研究设计目标并通过集中讨论后，确定出框架设计方案，7 d 内完成框架设计图，编制总体设计方案，主要步骤如下：

①完成钢平台＋立柱＋支点 CAD 图纸的框架设计；

②完成三维 CAD 线模绘制；

③采用 MIDAS 结构有限元软件进行建模，然后赋予线模截面进行计算，若没有通过，则返回至第 1 个设计步骤或调整线模截面；

④框架设计 MIDAS 计算结果通过。

(2) 设计方案评审

对框架设计及计算结果进行展示，预测设计目标的实现效果，并对各系统成本进行估算，最后汇总形成设计方案评审资料，评审资料主要包括支撑立柱和钢平台的平面图、立面图、MIDAS 计算结论等。

(3) 各系统施工图设计

①支撑及动力系统设计

支撑及动力系统包括立柱、油缸、挂座及连接装置等，是加工周期最长的关键线路，因此需要先完成其设计工作。

支撑动力系统在满足上部结构荷载作用的前提下，还要满足结构层高、安全防坠等要求，兼顾轻量化、加工成本低、使用方便等特点。采用有限元分析软件进行支撑系统设计，计算立柱、挂座、螺栓的抗弯、抗剪、轴向承载力及稳定性。设计过程中参照标准缸的形式预估动力油缸截面尺寸并预留接驳口，预估油缸吨位和行程，并将其嵌入支撑系统中。支撑、动力系统组合设计完成后，先对系统进行运动模拟，然后进行机械受力计算，全部合格后完成初期设计，整理形成招标图。

支撑、动力系统招标工作完成后，由液压厂家对油缸进行最终定型，根据定型的油缸调整支撑系统相关接驳点，完成支撑系统最终设计。

②贝雷架钢平台系统设计

贝雷架钢平台包括标准贝雷片、非标准贝雷片、支撑架及阴阳头等，钢平台是整个造楼机系统的扩展性平台，与各个系统均有关联。

钢平台系统依据结构平面图进行布设，在覆盖结构外轮廓的前提下满足外挂架、电梯井、采光井等区域位置的吊设需求，桁架间距还应能满足雨篷开合间距要求。完成以上区域的桁架布设后，再根据建模计算结构增设部分连系桁架以满足稳定性要求。

根据贝雷架平台设计方案利用软件进行计算和受力分析，钢结构分析得到的杆件应力比应满足规范要求，同时根据总体功能考虑贝雷架平台上须承载的荷载需求，提前进行加载分析，预留出辅助功能的承载力存量。

③挂架系统设计

挂架系统包括外挂架、内挂架等吊挂架体，同时也包括钢平台顶面的走道板、外防护网片及内防护栏杆等。选取挂架组成架构，通过模型计算挂架承受风荷载的能力，根据所在地域有针对性地进行抗风计算。

外挂架由施工技术人员沿结构外墙布设，传力途径须明确，架体宽度满足人员通行及零星材料临时堆放即可，离墙间距以 200～400 mm 为宜，吊设高度覆盖结构作业层 5～8 层以满足外墙施工工序需要。挂架系统构件采用钢管或型钢组合而成，走道板采用重型钢板网或花纹钢板，在模板作业层下方和最底部走道设置两层钢翻板。挂架步高考虑施工人员的作业需求，同时各步挂架间设置垂直交通楼梯。外挂架外立面与施工电梯接驳部位开口能使施工电梯到达“$n-3$ 层”，与塔吊附着臂冲突部位设置可翻转走道板和翻转网片以满足施工需求。在钢平台顶面与塔吊标准节距离最近部位设置悬挑搭接楼梯，方便塔吊司机快速上下塔吊。

内挂架主要为电梯井挂架，吊挂高度为覆盖至模板作业层以下 1 m 即可。内挂架通常为 4 根吊杆，走道板层数满足模板施工需求即可，走道板离墙间距宜控制在 400 mm 左右，底层走道板设置翻板进行封闭。

④模板系统设计

模板系统基本沿用原铝模系统，增设吊杆、卸扣、花篮螺栓、U 形卡等配件即可。

模板系统设计须在铝模板加工生产前完成，并对模板厂家提出相应的修改需求。模板修改内容主要包括两方面，一是将吊挂大模板区域的 K 板改为接高板，大模板内部连接改为螺栓连接，并将大模板水平背楞与面板进行固定，大模板区域修改的具体位置须在加工生产前提交给厂家；二是在加工铝模板时完成挂座部位的穿墙螺栓定位孔开孔。

⑤雨篷系统设计

雨篷系统主要包括 PVC 篷布、横梁、滑道、滑轮等，雨篷沿钢平台顶面洞口区域满覆盖。

雨篷系统主要形式为矩形大跨度手动雨篷，设计时先确定滑道安装方向及雨篷开合方向，横梁一般水平布置，并与滑道垂直，篷布与横梁固定部位设置垫片及压条。

⑥其他系统设计

集成二级配电箱及管线桥架、集成喷淋养护系统、集成井道电梯、集成照明灯带、集成移动厕所等结合项目实际需求进行设计。

（4）穿插现场实施匹配性设计

造楼机各系统设计即将完成时，组织相关人员充分交流讨论各系统的设置与现场的可实施性，主要包括地库堆场、门楼、大线条、屋面花架等部位，对与现场实际条件或实施过程相冲突的设计进行局部调整，以更好地匹配现场。

（5）穿插系统间匹配性设计

造楼机各系统设计即将完成时，检查各系统的设置与钢桁架平台的匹配性，检查交叉部分的接驳设计情况，调整并完成交叉节点的设计，确保各系统连接准确。

（6）施工图设计文件整理及出图

完成上述工作后，根据造楼机各系统出图明细（图 3.1）对施工图分系统按统一的图框格式进行编号、整理。本阶段出具的施工图可供各系统招标、厂家加工指导、现场交底及过程管理使用。

造楼机出图明细

序号	分类	编号	图纸名称	具体要求
一	预留预埋	1	预埋可周转螺杆图	预埋可周转螺杆安装大样图，规格、总需用数量、定位
		2	穿墙螺杆图	穿墙螺杆安装大样图，规格、数量、定位
		3	预埋钢模图	预埋钢模构造设计图、安装大样图、加工图、定位图，预埋套管总长度
		4	楼板预留洞图	楼板预留洞平面图、大样图，数量、定位，逐层核对
二	支撑系统	1	支撑系统装配图	支撑立柱设计图、加工图，总需用量
		2	挂座装配图	挂座设计图、加工图，挂座初始安装平面、立面图，总需用量（包含相应标准件）
		3	支撑系统初始安装图	支撑系统初始安装平面、立面图
		4	支撑系统安装辅助措施图	爬梯、作业平台设计图，加工图及安装图，数量统计（包含相应标准件）
三	电控顶升系统	1	液压系统布置图	液压泵站及油缸构造设计、加工制作详图，安装平面（包括朝向）、立面图
		2	电控设计图	控制室构造设计（包括朝向、内部布局），尺寸、数量、定位，安装指导图，线路敷设图，线缆用量统计
四	钢平台系统	1	桁架平面布置图	贝雷片(焊接桁架)平面布置，分段及编号，安装推演图，初步深化设计图，总需用量统计
		2	连接件设计图	连接件装配图，对拉螺杆图及需用量统计，阴阳头及钢销设计规格、数量、定位
		3	平台铺板图	平台上、下弦铺板平面图，大样图，加工图，规格、数量，铺板安装定位（结合钢平台安装地面拼装）
五	挂架系统	1	挂架平面布置图	滑梁/挑梁、吊杆、吊杆连接件、龙骨、走道板、钢楼梯、钢爬梯设计图，需用量统计（包含相应标准件）
		2	挂架立面设计图	立面高度，步距，结合钢平台及支撑立柱初始安装核对，结构标准层立面层，逐层核对变化（平移、增减安拆等）
		3	网片设计图	网片平面、立面布置，立面展开图、CT布置图，网片规格、数量统计（包含相应标准件）
		4	采光井挂架设计图	平、立面布置，分层，走道板布置，需用量统计（包含相应标准件）
		5	安装节点详图	安装方法、顺序，与现场配合措施，指导安装
六	安防系统	1	平台顶部外围周圈防护设计图	立柱、防护网设计图，平立面图，柱根与钢平台连接节点详图，需用量统计（包含相应标准件）
		2	平台顶部洞口防护栏杆设计图	立柱、栏杆、踢脚板设计图，平立面图，柱根与钢平台连接节点详图，需用量统计（包含相应标准件）
		3	挂架临空侧防护设计图	防护形式设计图，连接方法，需用量统计（包含相应标准件）
		4	支撑立柱预留洞防护设计图	设计图、安装图，核对与结构的冲突关系
		5	挂座倒运操作架设计图	设计图、安装图，核对与结构的冲突关系
七	顶升规划	1	全周期顶升规划图	初始安装部署推演图，标准层、非标层顶升规划立面图，非标层须有文字说明操作步骤、注意事项等关键点
		2	塔吊附墙规划图核对	核对塔吊加节（升高）附墙与造楼机顶升规划的高差关系
八	其他	1	临时水箱布置图	临时水箱尺寸、定位，与钢平台的连接方法
		2	模架与施工电梯关系图	施工电梯附着设计图，加强挂架、平面定位，立面关系图
		3	模架与塔吊附墙关系图	塔吊附墙区域挂架设计图，平面定位，立面关系

图 3.1　造楼机各系统出图明细

在各系统生产厂家定标后、构件加工生产前，各系统生产厂家须根据设计图纸进行加工图绘制，以满足厂家自身工艺制作要求。在此条件下，项目部须对各系统生产厂家的加工图设计进行管理，内容如下：

(1) 设计文件交底

加工制造之前要针对设计图纸对各系统生产厂家进行交底，介绍现有设计图纸情况并解答厂家的问题，并对系统拟实现的功能进行介绍。双方确定加工图设计的完成时间，并对下一步生产加工时间进行预估，确保不影响按期交货。

(2) 加工图设计进度管理

根据确定的加工图设计完成时间，设计人员对设计进度进行追踪和检查，发现进度滞后时及时采取纠偏调整措施；同时，应及时回复厂家在加工图设计过程中的疑问或咨询。

(3) 加工图审核

各系统生产厂家完成加工图绘制后，均应由设计人员进行图纸审核。设计人员收到加工图后应限期审核完毕并回复厂家，各系统生产厂家绘制的加工图经设计团队确认无误后方可投产加工。

各系统施工图和加工图经核对并调整后，要求各系统生产厂家在图纸上盖章确认，然后按要求进行整理归档。

3.1.3 造楼机设计技术交底

选定造楼机构件加工厂家后及时组织厂家参加技术交底会，技术人员进行设计技术交底，应直观清楚地展示造楼机构配件清单（表 3.2），详细交代各个系统、每个构件的设计原理，加工成型后的要求，明确各构配件的设计意图，特别是在造楼机更新迭代过程中与之前相比的改进及优化部分，留存交底记录。

针对挂架系统，设计出挂架标准件图库，将挂架构件分为吊杆、横杆、纵向龙骨、单元式走道板、防护网片以及各类连接件标准件，大宗材料采用市面常用型材。

针对钢平台系统，设计钢平台中各类构件图库，约定贝雷片种类及规格，针对不同结构平面布局，在图集中选取相应规格的贝雷片进行匹配，减少非标准件。

表 3.2　造楼机构配件清单

组成系统	构件名称	构件图示
支撑动力系统	附墙支座	
	支座挂爪	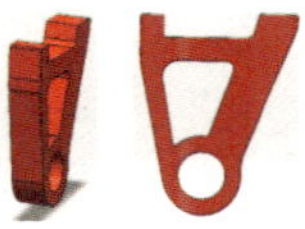

续表 3.2

组成系统	构件名称	构件图示
	支座挂爪销轴	
	爬杆扁担	
	爬杆扁担销轴	
	卡头	
	爬杆	
支撑动力系统	导轨立柱	
	顶升横梁	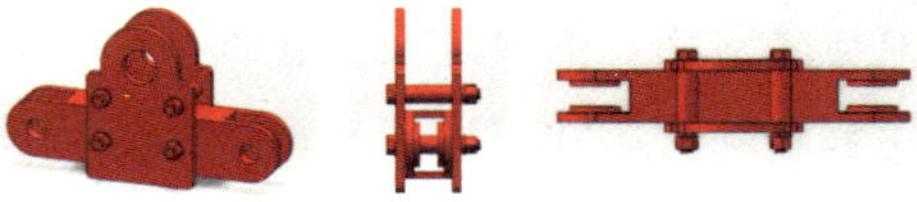
	顶升横梁销轴	
	接高柱	
	液压油缸	
	液压油缸销轴	

续表 3.2

组成系统	构件名称	构件图示
挂架系统	吊杆连接件	
	活接螺栓	
	吊杆	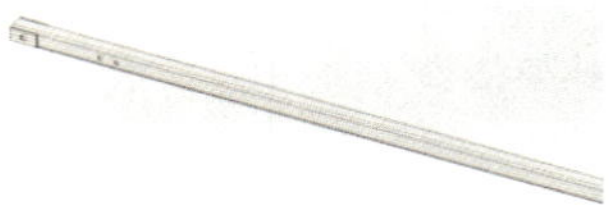
	连接件	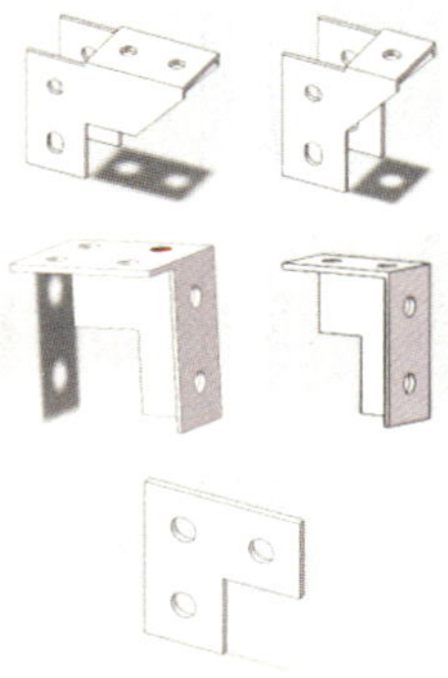
	走道龙骨	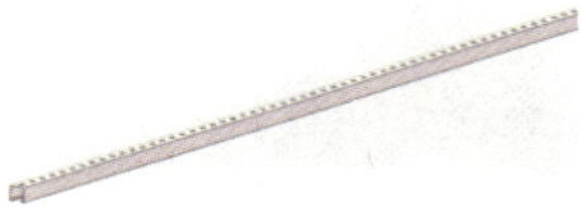
	吊杆连杆	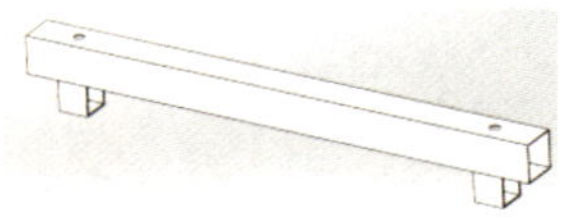
	走道板	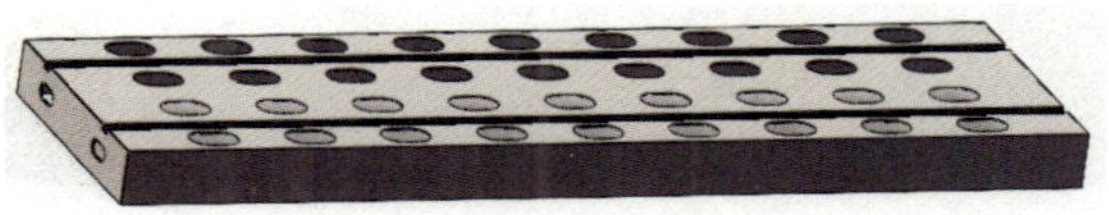
	翻板	

续表 3.2

组成系统	构件名称	构件图示
挂架系统	网片连接件	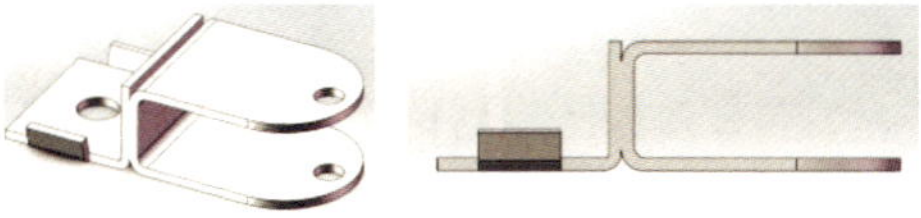
	防护网片	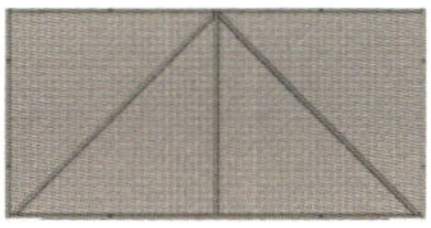
	挂架楼梯	
	挑梁龙骨	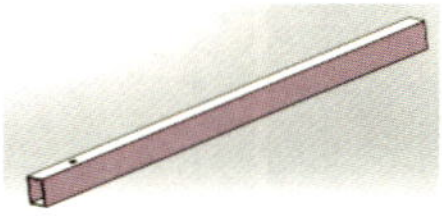
	挑梁龙骨连接夹板	
贝雷架钢平台	贝雷片	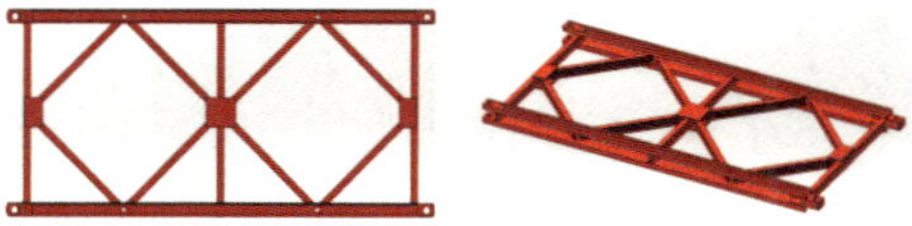
	螺杆	
	一字连接件	
	阴阳头	
	平台走道板	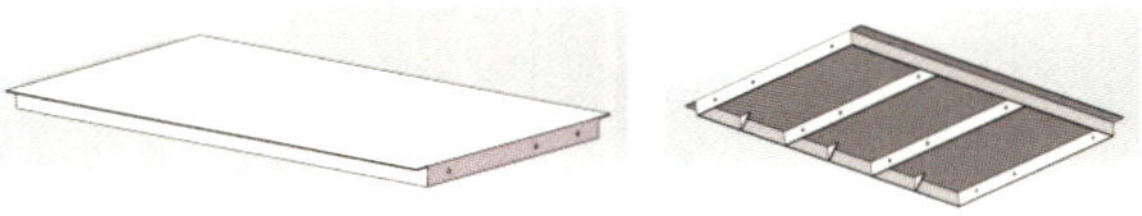

续表 3.2

组成系统	构件名称	构件图示
贝雷架钢平台	单榀走道板支架	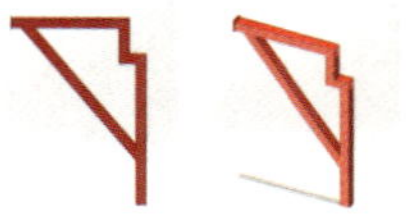
	平台防护立杆	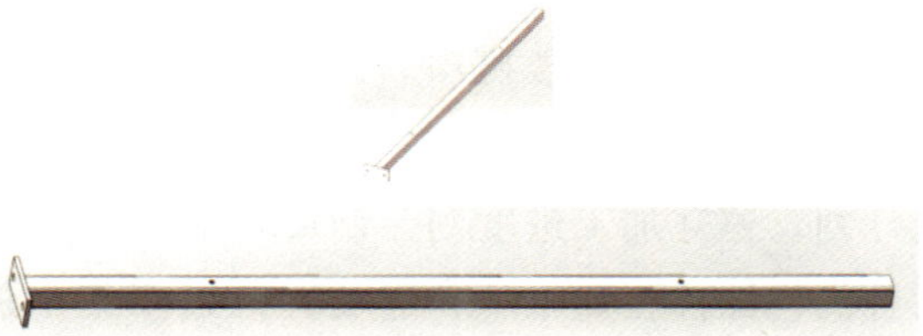
	平台防护网片	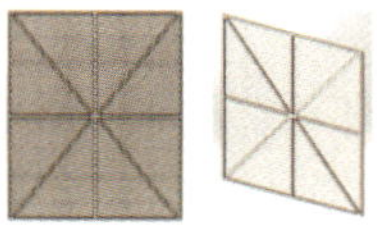
	平台防护栏杆	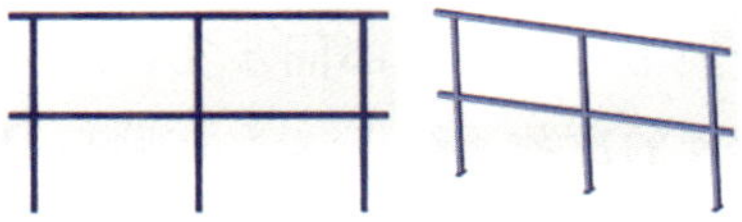
模板吊挂系统	模板吊头	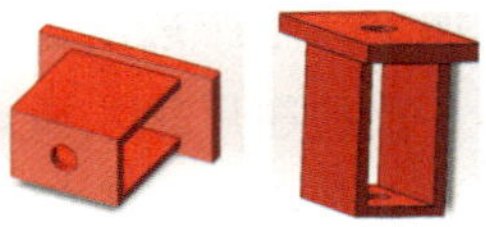
	模板拉杆	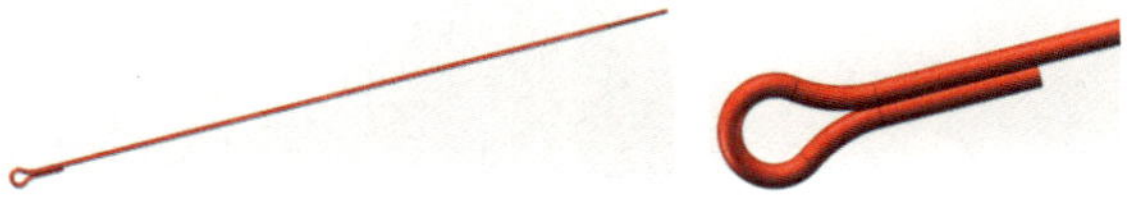
遥控布料机	液压布料机	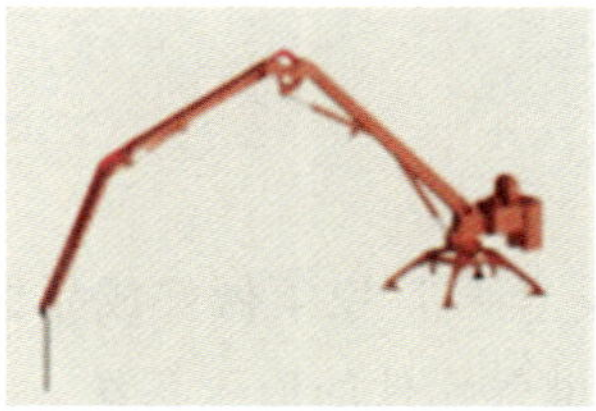

3.2 生产计划制订

3.2.1 构件加工计划

根据评审通过的造楼机项目最终设计图纸，统计出详细构配件及螺栓工程量，核对无误后发加工指令单给各家加工厂。根据应用项目的工程进度，提前制订构件加工及运输计划，遵守加工进度例会制度，根据项目工程进度，及时调整生产，预留一定数量的各类构配件在加工厂，避免构件过于集中加工导致进场安装滞后。同时也应避免提前太久进行大批量集中加工，否则会导致大量构配件集中积压，需要另外再安排堆场，增加加工厂压力。

3.2.2 构件加工情况跟踪

构件开始加工后，项目部同步实施构件管理，在构件加工过程中组织人员前往厂家进行过程管理的次数不少于 3 次，确保目标可控。第 1 次前往厂家主要检查备料及加工准备情况；第 2 次前往厂家主要检查构件加工进度及产品质量，确保所有产品均按照设计图纸生产加工，生产进度能满足现场安装需要，对生产过程中产生的问题要及时协调解决；第 3 次前往厂家主要进行构件出厂前的验收，厂家须先完成自检并出具检验合格报告（如有预拼装要求的须完成预拼装检验），经项目部确认合格后构件方可出厂。

3.3 运输及进场管理

3.3.1 成品保护

构件出厂前，生产厂家须做好成品保护。各系统构件运输时的防护措施主要分三类：对于安装有电气元件的液压系统，须配置专用防护罩防止雨淋及碰撞破坏；对于易丢失的小型配件及螺栓，配置木箱进行打包；对于裸露的钢构件，在需要接触的部位设置木方或垫片防止损坏。

构件运输要特别注意防止螺栓剪断和网片变形，装车时须采取有效防护措施以确保产品的完整性，同时，厂家还须做好构件运输过程的追踪并与项目部保持紧密联系。

3.3.2　材料进场计划

厂家应将构件按照不同种类、不同规格提前整理好，并在构件显眼位置做好清晰牢固的编号标识，项目部根据安装部署计划和现场堆场条件提前制订分类分批进场计划，制订计划时须考虑构件运输时间及卸货时间和市区限行影响等，厂家严格按照进场计划进行分批发货。构件进场时须提供材料检验报告及产品检测报告、质量证明书等，且由项目部按规定进行验收并及时存档。

3.4　质量控制及交付要求

3.4.1　制造质量控制要求

（1）总体要求

造楼机各系统构件均为钢构件，钢结构的制作应符合现行《钢结构工程施工质量验收标准》（GB 50205—2020）、《工程机械 焊接件通用技术条件》（JB/T 5943—2018）、《切削加工件 通用技术条件》（JB/T 8828—2001）、《钢结构防护涂装通用技术条件》（GB/T 28699—2012）标准的规定；构件焊接时应选择合理的焊接顺序，以减少构件因焊接产生的残余应力和变形，且要求端面刨平顶紧，焊缝长度为满焊；钢构件涂装前应对构件表面进行除锈处理，一般采用喷砂除锈方法，除锈等级为 Sa2 级；要求除锈后应仔细清除油垢、毛刺、药皮、飞溅物及氧化铁皮等。造楼机构件焊缝外观质量须符合钢构件焊缝外观质量检测要求表（表 3.3）中的三级标准，构件焊缝探伤检测须符合钢结构焊缝探伤检测要求表（表 3.4）中的Ⅱ级标准，钢构件外形尺寸主控项目控制在允许偏差值（表 3.5）以内。

表 3.3　钢构件焊缝外观质量检测要求表

检验项目	焊缝质量等级		
	一级	二级	三级
裂纹	不允许		
未焊满	不允许	≤0.2 mm＋0.02t 且≤1mm，每 100 mm 长度焊缝内未焊满累计长度≤25 mm	≤0.2 mm＋0.04t 且≤2 mm，每 100 mm 长度焊缝内未焊满累计长度≤25 mm
根部收缩	不允许	≤0.2 mm＋0.02t 且≤1 mm，长度不限	≤0.2 mm＋0.04t 且≤2 mm，长度不限

续表 3.3

检验项目	焊缝质量等级		
	一级	二级	三级
咬边	不允许	深度≤0.05t 且≤0.5 mm，连续长度≤100 mm，且焊缝两侧咬边总长≤10%焊缝全长	深度≤0.1t 且≤1 mm，长度不限
电弧擦伤	不允许		允许存在个别电弧擦伤
接头不良	不允许	缺口深度≤0.05t 且≤0.5 mm，每 1000 mm 长度焊缝内不得超过 1 处	缺口深度≤0.1t 且≤1 mm，每 1000 mm 长度焊缝内不得超过 1 处
表面气孔	不允许		每 50 mm 长度焊缝内允许存在直径<0.4t 且≤3 mm 的气孔 2 个；孔距应≥6 倍孔径
表面夹渣	不允许		深≤0.2t，长≤0.5t 且≤20 mm

注：t 为接头较薄件母材厚度。

表 3.4 钢结构焊缝探伤检测要求表

焊缝质量等级		一级	二级
内部缺陷超声波探伤	评定等级	Ⅱ	Ⅲ
	检验等级	B 级	B 级
	探伤比例	100%	20%
内部缺陷射线探伤	评定等级	Ⅱ	Ⅲ
	检验等级	AB 级	AB 级
	探伤比例	100%	20%

注：探伤比例的计数方法应按以下原则确定：(1) 对工厂制作焊缝，应按每条焊缝计算百分比，且探伤长度不小于 200 mm，当焊缝长度不足 200 mm 时，应对整条焊缝进行探伤；(2) 对现场安装焊缝，应按同一类型、同一施焊条件的焊缝条数计算百分比，探伤长度不小于 200 mm，并应不小于 1 条焊缝。

表 3.5 钢构件外形尺寸主控项目允许偏差表

项目	允许偏差/mm
单层柱、梁、桁架受力支托（支撑面）表面至第一个安装孔距离	±1.0
多节柱铣平面至第一个安装孔距离	±1.0
实腹梁两端最外侧安装孔距离	±3.0
构件连接处的截面几何尺寸	±3.0
柱、梁连接处的腹板中心线偏移	2.0
受压构件（杆件）弯曲矢高	l/1000，且不应大于 10.0

（2）贝雷片质量控制要点

贝雷片加工完成后必须进行质量验收（出厂质量验收表，见表 3.6），满足要求后方可出厂。

表 3.6　贝雷片构件出厂质量验收表

<table>
<tr><td colspan="2">构件生产企业（盖章）</td><td></td><td>构件类型</td><td colspan="2">321 型</td></tr>
<tr><td>分项</td><td colspan="3">检查项目</td><td>质量要求</td><td>实测值</td><td>判定</td></tr>
<tr><td rowspan="3">外观质量</td><td colspan="2">破损</td><td>无破损</td><td></td><td></td></tr>
<tr><td colspan="2">裂缝</td><td>无裂缝</td><td></td><td></td></tr>
<tr><td colspan="2">焊缝缺陷</td><td>轻微缺陷</td><td></td><td></td></tr>
<tr><td rowspan="5">贝雷片</td><td rowspan="5">允许偏差/mm</td><td>长度</td><td>±0.5</td><td></td><td></td></tr>
<tr><td>宽度</td><td>±0.25</td><td></td><td></td></tr>
<tr><td>高度</td><td>±0.5</td><td></td><td></td></tr>
<tr><td>对角线差值</td><td>±0.25</td><td></td><td></td></tr>
<tr><td>额外开孔位置</td><td>±1</td><td></td><td></td></tr>
<tr><td rowspan="4">阴阳头</td><td rowspan="4">允许偏差/mm</td><td>开孔位置</td><td>±0.2</td><td></td><td></td></tr>
<tr><td>长度</td><td>±0.5</td><td></td><td></td></tr>
<tr><td>宽度</td><td>±0.5</td><td></td><td></td></tr>
<tr><td>厚度</td><td>±0.5</td><td></td><td></td></tr>
<tr><td rowspan="4">一字连接架</td><td rowspan="4">允许偏差/mm</td><td>开孔位置</td><td>±1</td><td></td><td></td></tr>
<tr><td>长度</td><td>±0.5</td><td></td><td></td></tr>
<tr><td>宽度</td><td>±0.5</td><td></td><td></td></tr>
<tr><td>厚度</td><td>±0.25</td><td></td><td></td></tr>
<tr><td rowspan="4">Z 字连接架</td><td rowspan="4">允许偏差/mm</td><td>开孔位置</td><td>±1</td><td></td><td></td></tr>
<tr><td>长度</td><td>±0.5</td><td></td><td></td></tr>
<tr><td>宽度</td><td>±0.5</td><td></td><td></td></tr>
<tr><td>厚度</td><td>±0.25</td><td></td><td></td></tr>
<tr><td rowspan="2">配件</td><td colspan="2">图案、分割、色彩、尺寸</td><td>符合要求</td><td></td><td></td></tr>
<tr><td colspan="2">破损情况</td><td>无破损</td><td></td><td></td></tr>
<tr><td colspan="6">验收意见：

年　月　日</td></tr>
</table>

（3）支撑系统质量控制要点

①焊接及涂装

支撑系统构件均采用 E5016 焊条或 JY50-6 焊丝进行连续焊缝焊接，图中未注明的角焊缝，其高度分别为两连接件中最薄者厚度的 80%（单面焊）和 40%（双面焊）；构件焊前须预热，预热温度不低于150 ℃；焊接件须经消除焊接残余应力退火处理，校平矫直后再进行机加工；全熔透焊接，须进行超声波探伤，焊缝熔深大于构件厚度的80%。

构件非加工外表面应进行涂装，涂层表面均匀，颜色一致，不允许有漏涂、脱落、黏物、脏物等缺陷，涂膜总厚度为70～80 μm。各零件加工表面涂防锈油，颜色按设计要求选取。

②机加工

构件进行调质处理，调质硬度为10.9级，将棱角进行倒钝处理。

挂爪工作面与反力面以挂轴孔为基准进行加工，控制两侧基准尺寸公差为0.25 mm，附墙支座挂爪反力板控制两侧基准尺寸公差为±0.25 mm，支撑立柱承力棒以油缸安装面为基准控制基本尺寸公差为±0.5 mm。

③装配要求

零部件加工完成后，应按照设计图纸进行装配并进行灵活性验证，例如附墙支座挂爪装配后，要手动绕轴转动，确保灵活无卡阻。

（4）油缸系统质量控制要点

①油缸出厂空载试验

在无负荷情况下，液压缸往复运动3次，不得出现外部漏油及爬行、抖动等不正常现象。最低动作压力试验：不加负荷，液压从零增到活塞杆平稳移动时的最低启动压力，其值应不大于0.5 MPa。

②油缸出厂耐压试验

工作压力<25 MPa的油缸，试验压力为工作压力的1.5倍；工作压力≥25 MPa的油缸，试验压力为工作压力的1.25倍；达到试验压力后，保压10 min，外部不应有渗漏、永久变形或损坏。

③油缸出厂泄漏试验

在额定工作压力下，保持30 min，不允许出现外部漏油现象，有杆腔和无杆腔应分别进行；在额定工作压力下，保持10 min，检测油缸内泄漏量应满足相关要求（表3.7）。

表3.7 油缸内泄漏量表

油缸内径/mm	90	100	110	125	140	160	180	200	220	250
漏油量/（mL/min）	0.30	0.40	0.45	0.55	0.75	1.00	1.25	1.55	1.90	2.50
油缸内径/mm	280	320	360	400	450	560	630	710	820	900
漏油量/（mL/min）	3.10	4.00	5.10	6.50	8.00	12.30	15.60	19.80	26.40	31.80

（5）挂架系统质量控制要点

挂架产品加工完成后必须进行质量验收（加工质量检验记录表见表3.8），满足要求后方可出厂。

表 3.8　挂架产品加工质量检验记录表

生产批次		日期	
加工单位			
检验产品名称			
检验情况			
整改措施			
加工单位负责人		日期	
加工负责人		日期	
检验人员		日期	
批准人		日期	

（6）布料机质量控制要点

布料机出厂前必须进行检测验收（表 3.9），满足要求后方可出厂。

表 3.9　布料机成品检测验收表

产品名称	混凝土布料机	产品型号	HGY-17			
步骤	检验项目	接收准则	检验方法	检具	检验方案	检验结果
1	可靠性试验	可靠性试验期间，布料机作业时间不少于 6 h	操作试验	—	100%	
2	回转装置	布料机的回转机构应配制动器或定位装置；非全回转的布料机应有限制回转的限位装置	目测	—	100%	
3	混凝土输送管硬管内径和壁厚	混凝土输送管应符合《建筑施工机械与设备 混凝土输送管 型式与尺寸》(JB/T 11187—2011) 的规定。布料臂架刚性混凝土输送管的内径、壁厚应符合设计要求，布料臂端部的软管长度不应大于设计规定值	测量	卷尺测厚仪	100%	
4	混凝土输送管硬管支撑	各节混凝土输送管应设置稳固的支撑	目测	—	100%	
5	混凝土输送管连接、密封、运动关节转动	混凝土输送管应装拆方便，管与管之间用管卡连接且应连接可靠、密封；铰接接头处做相对转动时不应有卡滞、移位等异常现象。展开、收回布料臂架时，检查混凝土输送管的连接状况及运动关节转动状况	目测	—	100%	
6	空腔泄水措施	所有可能积水的空腔应设置泄水孔	目测	—	100%	
7	涂装质量	钢结构表面处理要求：除锈应按《建筑机械与设备除锈通用技术条件》(JG/T 5011.13—1992) 的规定；涂漆应按《建筑机械与设备涂漆通用技术条件》(JG/T 5011.12—1992) 的规定	目测	—	100%	

续表 3.9

产品名称	混凝土布料机	产品型号	HGY-17				
步骤	检验项目	接收准则		检验方法	检具	检验方案	检验结果
8	高强度螺栓连接预紧力或预紧力矩	使用高强度螺栓连接，应在设计图样和产品销售技术文件中规定初始预紧力或紧固力矩及其允许偏差		测量	专用设备	100%	
9	安全绳	布料臂末端软管应装有安全绳		目测	—	100%	
10	非工作状态防自动展开装置	布料臂在非工作状态下，应设置防自动展开装置		目测	—	100%	
11	联锁功能	不允许同时进行的动作（机构）应联锁		目测	—	100%	
12	护栏爬梯等附属设施	应设置必要的人行护栏、扶手、踏板、平台、梯子等		目测	—	100%	
13	操纵杆自动复位	除为了功能目的而保持挡位外，所有操纵杆应在操作者松手后自动回到零位。各操纵杆应按其设计功能设置标牌		操作试验	—	100%	
14	操纵台、控制装置的相关规定	操作台的设置应便于操作者操作和防止碰撞、干涉。操作台的各标牌内容应准确、清晰。操作台上应设置具有停止或断开所有机构运动功能的急停控制按钮。急停控制按钮应用手动复位的型号，其蘑菇头的直径至少为 30 mm，颜色应选用红色，并且有醒目的标记。装有两套或多套控制装置时，任何时候均只允许其中一套控制装置进行控制。遥控装置应有急停控制按钮		操作试验	—	100%	
15	电气自动保护装置	电气系统应有可靠的短路保护、过流保护及缺相错相保护等自动保护装置		目测	—	100%	
16	液压系统溢流阀压力、空载压力损失	液压系统的设计与安装应符合《液压传动 系统及其元件的通用规则和安全要求》（GB/T 3766—2015）的要求。主安全阀的设定压力不应大于系统额定压力的 110%。液压泵在设计最大转速（流量）下，当操纵阀均处于中位时，压力损失不得大于 2 MPa		操作试验	压力表	同上	

续表 3.9

产品名称	混凝土布料机	产品型号	HGY-17				
步骤	检验项目	接收准则		检验方法	检具	检验方案	检验结果
17	平衡阀与被控元件刚性连接	承受重力荷载作用的油缸应设置平衡阀，平衡阀应符合《汽车起重机和轮胎起重机 平衡阀》(JB/T 9739.1—2000) 的规定。平衡阀与被控制元件之间应采用刚性连接。布料臂架的油缸平衡阀应具有外荷载冲击引起油缸腔内油压升高时的释放功能。带有支腿的布料机，其垂直支腿油缸应设置双向液压锁		目测	—	同上	
18	布料臂架油缸、垂直支腿油缸活塞杆回缩量	在 1.3 倍工作荷载作用下，布料臂全展开至水平，支腿支撑力为最大时，发动机熄火持续 15 min，其臂架系统油缸、垂直支腿油缸活塞杆的回缩量不应大于 2 mm		测量	卷尺	同上	
19	液压系统密封性	液压系统中液压元件和管路均不允许渗漏油		目测	—	同上	
20	液压油箱箱体内温度	正常工作时，油箱内液压油的最高工作温度不应超过 80 ℃		测量	油温计	同上	

3.4.2　交付要求

（1）验收标准

造楼机属于新型施工建造平台，验收标准参照《超高层建筑施工装备集成平台技术规程》(T/CECS 744—2020)，按照程序由项目部对进场构件进行材料验收。主要承力构件应该在出厂前进行预装配，并进行荷载试验，确保其强度与刚度满足要求，并形成试验报告。同一批次的支撑系统及钢平台的重要构件（如附墙支座、支撑立柱、液压油缸等）进场时提供相应的钢结构探伤报告、产品合格证、原材料报告、试验报告，拼装后进行综合调试验收，随后报告监理及业主共同验收，验收合格后方可将造楼机投入使用。

（2）验收人员

①总承包单位参加人员：项目负责人、技术负责人或授权委派的专业技术人员、安全负责人、材料负责人、质检员。

②监理单位参加人员：项目总监理工程师及专业监理工程师。

③建设单位参加人员：现场工程师、项目设计总监。

④分包单位参加人员：技术负责人、安全员。

(3) 验收程序（图 3.2）

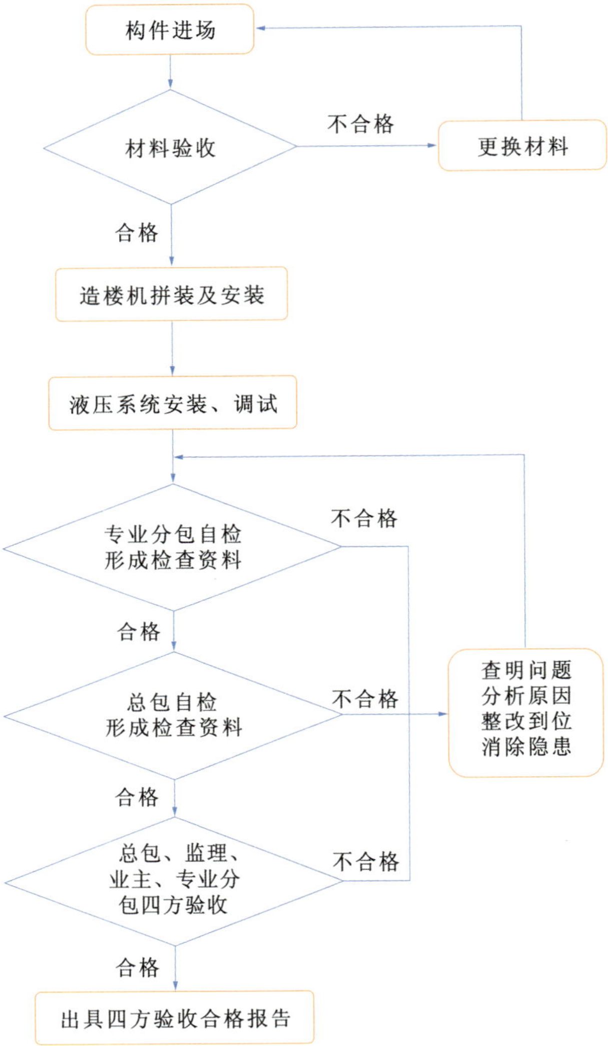

图 3.2　造楼机实施验收程序流程图

(4) 验收内容

进场验收：根据相关要求，须对造楼机（包括支撑系统、钢平台系统、挂架系统及液压系统）各加工构件进行现场验收。现场验收内容包括规格型号数量检查、外观检查、焊缝检查、紧固件检查、功能检查等，部分验收内容检查表见表 3.10 至表 3.12。

表 3.10　紧固件检查验收表

序号	检查项目	检查内容及方法	检查要求	检查记录
一、普通螺栓检查				
1	普通螺栓检查	观察和用小锤敲击检查	螺栓连接应牢固、可靠，外露丝扣不应少于 2 扣	
二、螺栓检查				
1	摩擦面	检查摩擦面抗滑移系数和外观	摩擦面外表不应涂漆，且应保持干燥、整洁，不应有飞边、毛刺、焊接飞溅物、焊疤、氧化铁皮、污垢等	
2	大六角头螺栓	连接副终拧完成 1 h 后、48 h 内进行终拧扭矩检查	该扭矩值和施工扭矩值偏差在 10%以内为合格	
3	扭剪型螺栓	观察检查和扭矩检查	未在终拧中拧掉梅花头的螺栓数不应大于该节点螺栓数的 5%，且梅花头未被拧掉的螺栓连接副须全数进行扭矩检查	
4	施工记录	全数检查扭矩扳手标定记录和螺栓施工记录	符合规范要求	
5	丝扣检查	观察检查	连接副终拧后，螺栓丝扣外露应为 2～3 扣，其中允许有 10%的螺栓丝扣外露 1 扣或 4 扣	
6	螺栓孔检查	观察检查及用卡尺检查	螺栓孔定位、尺寸准确，螺栓应自由穿入螺栓孔，不应采用气割扩孔，扩孔数量应征得设计同意，扩孔后的孔径不应超过 1.2*D*（*D* 为孔的直径）	

注：①普通螺栓检查应抽查连接节点数的 10%，且不应少于 3 个。
②螺栓检查应抽查连接节点数的 5%，且不应少于 10 个。
③该表参考《钢结构工程施工质量验收标准》（GB 50205—2020）附录表 B.0.2、B.0.4。

表 3.11　支撑系统检查验收表

序号	事项	检查结果		检查人签字		备注
		合格	不合格	交检员	质检员	
1	挂座上下对接面清理干净，无混凝土残留					
2	挂座左右对接面干净无杂物					
3	挂座与混凝土结合面清洗防锈油，涂脱模剂					
4	挂座轨道面涂抹润滑脂					
5	挂座顶部采用措施遮挡，防止混凝土流入					
6	挂座顶部标高复核及角度复核					

表 3.12　挂架及防护系统检查验收表

序号	检查项目	检查内容及方法	检查记录
1	竖向主框架	各杆件的轴线应汇交于节点处，并应采用螺栓或焊接连接；所使用的材质及规格符合专项方案的规定	
		各节点应焊接或螺栓连接，竖向主框架应沿架体全高设置	
2	水平支撑桁架	桁架上、下弦应采用整根通长杆件，或设置刚性接头；腹杆上、下弦连接应采用焊接或螺栓连接	
3	翻板铰链	焊缝焊接质量，销轴安装	
4	花纹钢板走道板	次梁按要求设置	
5	钢板网走道板	次梁按要求设置，网片无破损	
6	走道板下部加筋	架体底部铺设严密，与墙体无间隙，操作层走道板应铺满、铺牢，孔洞直径小于 25 mm	
7	升降吊挂点	上、下升降吊挂点钢结构无裂纹或疲劳现象，材质及制作符合方案	
8	防护设施	冲孔钢板网规格型号符合设计要求	
		平台顶外侧防护栏杆高 1.8 m，内防护栏杆高度为 1.05 m	
		平台顶内侧挡脚板高度为 180 mm	

第 4 章

造楼机的实施与管理

4.1 前期准备

4.1.1 人员配置

造楼机实施前，配置经验丰富的造楼机项目团队（以下简称项目团队）是至关重要的。在立项后，通过造楼机实施评审会确定项目团队人员，负责造楼机实施过程中的技术、商务、生产、安全等工作，团队成员分工明确、各司其职。团队技术人员负责获取造楼机前期设计资料，与设计、生产人员沟通造楼机相关事项，完成造楼机方案设计图、深化加工图以及造楼机专项施工方案等。项目团队其他人员负责造楼机现场的实施，具体为安装、运维、拆除等事务，包括但不限于现场沟通协调、资源调配、物资采购、商务结算等工作，并定期汇报项目进展情况。

为保障造楼机的安装、运维及拆除等阶段安全、顺利地进行，选择与资质齐全、有实力的劳务分包单位合作也是十分必要的。劳务分包单位须配备技能熟练的施工队伍，每个施工人员须经过专职培训，特种作业人员及相关管理人员持有效资格证件进场作业，项目团队在实施前，确定作业人员工种及数量，编制作业人员配置计划和作业人员需求计划，人员进场后做好现场管理，落实技术交底和三级安全教育。

根据项目特点、施工部署以及工期目标，不同施工阶段可采用平行施工或流水施工。以造楼机覆盖建筑面积 600 m^2 为例，作业人员配置计划可参考表 4.1，作业人员需求计划可参照表 4.2。

表 4.1 作业人员配置计划表

序号	人员类型	人数	备注
1	现场负责人	1	负责造楼机专项施工方案落实，现场人员的培训，技术交底，解决现场的技术问题

续表 4.1

序号	人员类型	人数	备注
2	安全员	1	负责造楼机安装、运维、拆除的安全检查工作，对施工工人进行安全教育
3	材料员	1	负责进场物资的管理、材料堆码、文明施工等，需要对现场安装、拆除技术有一定的了解
4	班组长	2～3	具备独立带队，完成拼装、吊装作业的能力，满足现场分组作业
5	铆工	6	造楼机安拆
6	架子工	4	造楼机安拆
7	电工	1	造楼机安拆
8	焊工	2～3	造楼机安拆
9	普工	20	造楼机安拆
10	操作人员	4	负责造楼机顶升，观察油缸情况

表 4.2 作业人员需求计划表

编号	施工阶段		需求劳动力	工期时间	备注
1	施工准备阶段		12 人	1 d（第 1 天）	＞6 人
2	贝雷架地面拼装阶段	拼装单榀桁架	12 人	2 d（第 2～3 天）	＞6 人
		组装双榀桁架	12 人	2 d（第 4～5 天）	＞6 人
3	支撑立柱吊装阶段*		15 人	3 d（第 6～8 天）	＞12 人
4	贝雷架吊装阶段*		15 人	3 d（第 9～11 天）	＞12 人
5	外挂架安装阶段*		27 人	14 d（第 12～25 天）	＞20 人
6	钢平台及其他配件安装阶段		27 人	7 d（第 12～18 天）	＞20 人
7	检查收尾阶段		9 人	2 d（第 25～26 天）	＞8 人
8	运营阶段		6 人	主体结构施工期间	＞4 人
9	拆除阶段*	挂架拆除	12 人	7 d（第 1～7 天）	＞12 人
		其余部分拆除	12 人	5 d（第 8～12 天）	＞12 人

注：* 表示作业人员须持特种作业证书上岗。

4.1.2 配套机械设备

造楼机安装机械主要为塔式起重机（以下简称塔吊），项目团队提前做好塔吊使用计划。为满足前期现场的作业进度，可以额外配置汽车起重机（以下简称汽车吊）参加作业，汽车吊可以辅助完成材料装卸、构件拼装和钢平台吊装等工作。项目团队使用汽车吊参加作业须提前编制汽车吊使用方案，方案应明确汽车吊的停机位置，保证临时堆放场地在汽车吊的作业范围内，避免汽车吊在工作盲区作业。

为满足造楼机实施要求，造楼机安装期间使用的主要机具设备包括：液压油缸、手拉葫芦、电动葫芦、千斤顶、交直流焊机等，具体机具设备投入情况可以参照表 4.3，具体项目可有针对性地调整。

表 4.3　配套机具、设备投入表

序号	设备名称	设备型号	单位	数量	备注
1	货车	20 t	台	2	装备集成平台材料运输
2	吊车	50 t	台	1	装备集成平台构配件吊装
3	液压油缸	额定最大推/拉力 1000 kN	套	—	装备集成平台顶升
4	塔吊	—	台	1	装备集成平台各系统安装
5	手拉葫芦	2 t、10 t	个	80	辅助装备集成平台安装
6	电动葫芦	5 t	个	8	辅助装备集成平台安装
7	交、直流焊机	—	台	2	辅助装备集成平台安装
8	小型机械千斤顶	10 t	台	4	辅助装备集成平台安装
9	气割设备	—	套	2	辅助安装
10	经纬仪	J2	台	1	安装测量
11	水准仪	ZDS3	台	2	安装测量
12	全站仪	GTS-211D	台	2	安装测量
13	钢盘尺	50 m	个	2	安装测量
14	扭矩扳手	—	个	—	安拆

4.1.3　进场材料要求

造楼机材料进场计划由项目团队根据现场实际情况进行编排，满足造楼机现场安装进度要求。造楼机进场材料主要包括造楼机各系统加工构件以及安装、运维、拆除阶段需要使用的辅助材料。造楼机各系统加工构件的检验材料在构件发货时随车携带，一式四份，主要包括但不限于材质报告、出厂合格证明、质量保证书、焊缝检测报告、产品合格证等。所有进场批次材料均由项目团队组织专业单位材料员按照发货清单进行点验，检查构件是否存在开裂、腐蚀、漆皮脱落等情况，并与材料员做好书面交接记录，且专业单位材料员负责后续材料的现场管理和报验工作。

造楼机安装、运维、拆除阶段需要使用的辅助材料主要包括钢丝绳、卸扣、吊带、钢管、扣件、PVC 套管、喷淋管线、波纹管、绑扎带、打包带、编号贴纸、宣传海报等材料，如表 4.4 所示。如涉及造楼机相关合同中未包含的零星材料，则由项目人员审批通过后，进行统一采买。

表 4.4 主要材料投入表

序号	材料名称	规格	单位	数量	备注
1	安全绳	ϕ6 mm	m	—	—
2	卡环	ϕ16 mm	个	—	—
3	钢管	ϕ48 mm×2.7 mm	m	—	临时搭设平台
4	钢跳板	50 mm×220 mm	m	—	—
5	钢丝绳	ϕ16 mm～ϕ24 mm	m	—	—
6	挂架及防护网	组拼架体	t	—	装备集成平台组件
7	贝雷架平台	贝雷片桁架	t	—	装备集成平台组件
8	雨篷	—	套	—	装备集成平台组件
9	喷淋管线	—	m	—	—
10	配电箱	二级配电箱	个	—	—
11	供电管线	—	m	—	—
12	工字钢	－HM148×100	m	—	装备集成平台组件
13	方管	80 mm×60 mm×5 mm	m	—	装备集成平台组件
14	花纹钢板	厚 2.5 mm	m^2	—	装备集成平台组件
15	定位钢模	—	个	—	支点预埋组件
16	预埋螺杆	—	套	—	支点预埋组件
17	支撑立柱	—	套	—	装备集成平台组件

4.1.4 设计图纸及安装方案交底

造楼机专项施工方案的编制在招标图纸确定后启动，由设计团队负责完成。设计团队根据设计任务书、结构设计情况、现场条件等完成造楼机方案设计，并组织进行方案评审，评审通过后进行设计图纸绘制以及加工图纸深化，并完成专项施工方案编制。专项施工方案编制时间不少于 15 d。方案编制过程中，设计团队须全面了解各系统进展情况及交叉联系，进行总体把关协调。造楼机专项施工方案经内部审议通过后，组织项目团队、专业单位进行方案评审，评审通过后履行报批手续，组织专家论证，设计团队负责后续专项施工方案的修改。

造楼机专项施工方案修改完毕并通过专家论证后，项目团队组织建设单位、监理单位、专业单位召开方案交底会，对专项施工方案内容进行交底。

项目团队在造楼机专业单位进场后组织设计图纸交底和安装方案交底，上岗作业前对专业单位劳务人员进行班组安全交底，作业期间严格落实每日班前安全教育喊话。

4.1.5　实施环境管理

在造楼机方案立项后，设计团队收集使用单位设计功能需求、项目现有设备、气候情况以及当地建筑施工监管政策等信息，整理形成设计任务书，供后续造楼机设计使用。

造楼机各系统构件较多，构件堆放场地需求巨大，贝雷架地面预拼装平整场地需求在 500 m^2 以上，而且要求在塔吊或汽车吊覆盖范围内。项目团队需要提前对楼栋周边堆场及道路进行规划，并考虑构件分批次进场，将构件堆场和拼装场地分开设置利用，减少材料的二次转运。

现场运输道路应满足箱长 12 m 的车辆行走条件，地面应平整坚实，防止车辆摇晃导致造楼机构件碰撞、扭曲和变形。构件堆放场地应平整夯实，并设有排水措施，场地内设置垫木。临时存放区域与其他工种作业区之间设置隔离带或将其做成封闭式存放区域，避免吊装过程中经过其他工种工作区，影响其他工种正常工作。设置警示牌及标识牌，与其他工种保持安全作业距离。

当造楼机进入钢桁架平台安装阶段时，为防止作业面出现立体交叉施工的情况，楼栋主体作业队伍要暂停结构施工 3～4 d，待钢桁架平台拼装完成后，再恢复施工。

4.2　实施流程

4.2.1　总体实施流程

造楼机实施前，须结合工程总体施工组织设计、场地条件等因素，按照科学、有序、协调、高效、经济的原则进行施工部署。

以某工程造楼机施工为例，根据该项目总体安排，L2 墙体浇筑完成后，开始安装造楼机各系统，安装调试完成后，启用遥控布料机混凝土泵送设备，随后在造楼机内进行 L3 层及以上结构的施工，直到机房、屋架层顶板混凝土浇筑完成，所有施工结束后，拆除造楼机。该工程造楼机包括安装、使用及拆除的总体施工流程，如图 4.1 所示。

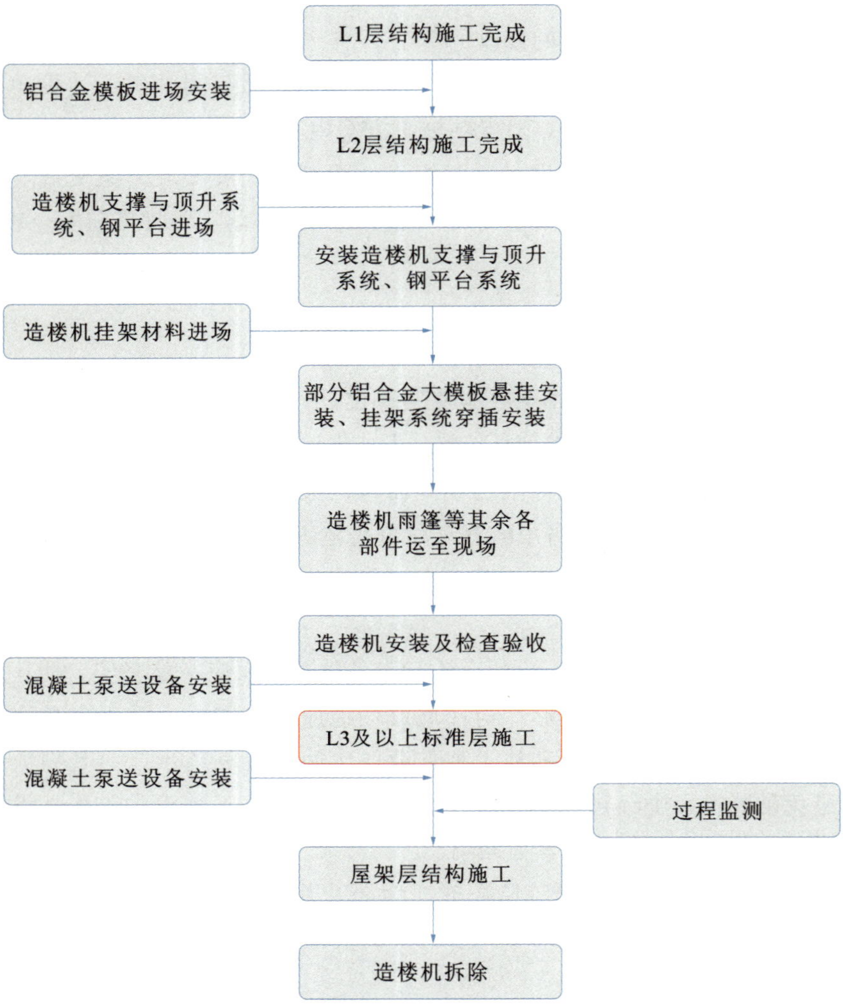

图 4.1　某工程造楼机施工总体流程图

4.2.2　单层施工流程

标准层施工时，首先进行当前施工楼层混凝土浇筑，其次待竖向结构混凝土强度达到拆模条件后，拆除竖向结构模板，进行造楼机的顶升，顶升一个楼层后，绑扎下一层竖向钢筋的同时可以进行下层外墙结构清理及修补等作业，也可以进行结构清理及修补层下面一层的落水管支架、门窗及栏杆等的安装，竖向钢筋绑扎完成后合模并开始支设水平结构模板并进行钢筋绑扎，最后浇筑混凝土，从而完成单层施工全部流程，依次循环向上，从而完成全部楼层的施工。单层施工流程如图 4.2 所示。

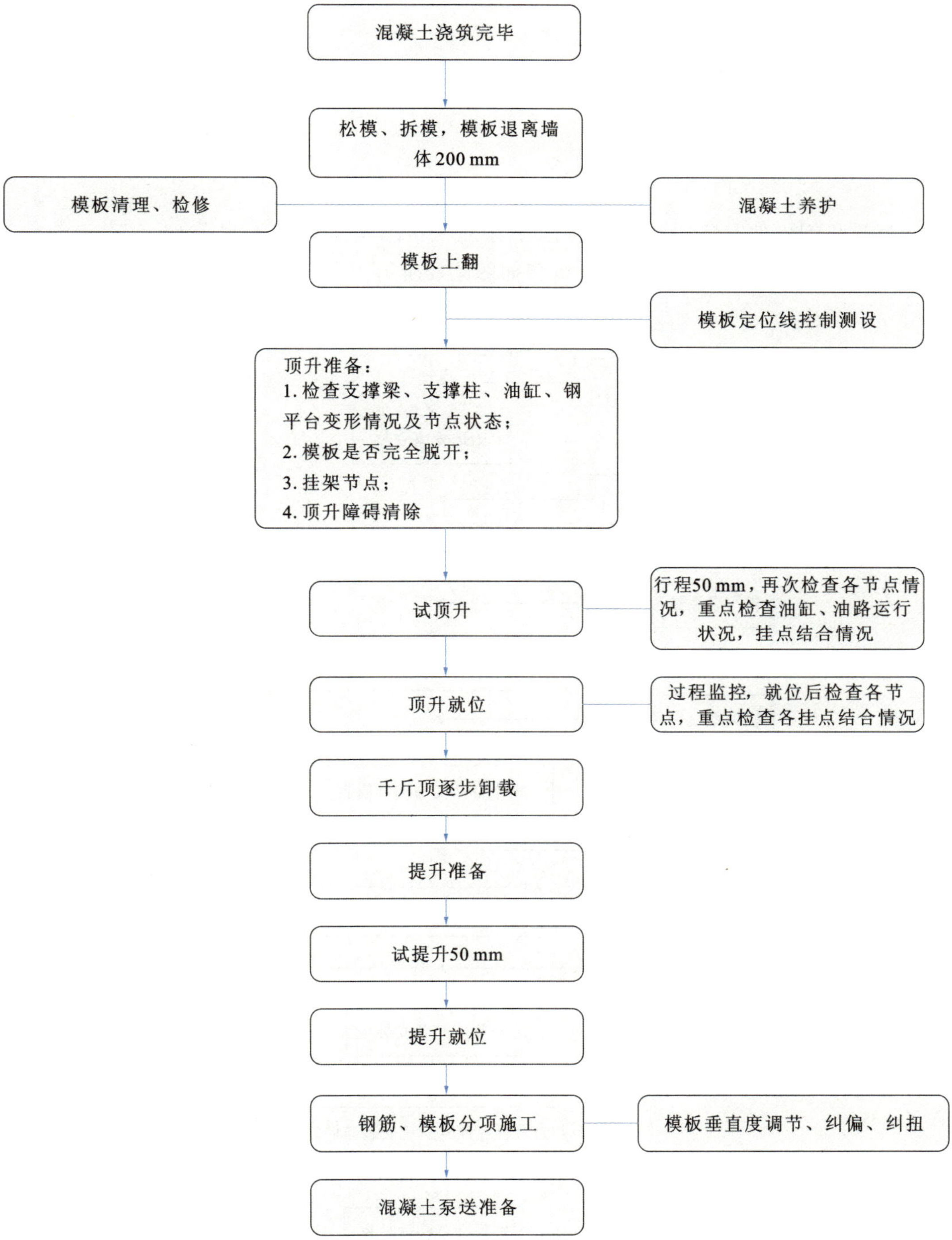

图 4.2　造楼机单层施工流程图

4.3 安装与管理

4.3.1 现场安装实施

造楼机钢构件安装应符合现行国家标准《钢结构工程施工规范》（GB 50755—2012）的有关规定，具体安装操作流程如图 4.3 所示。

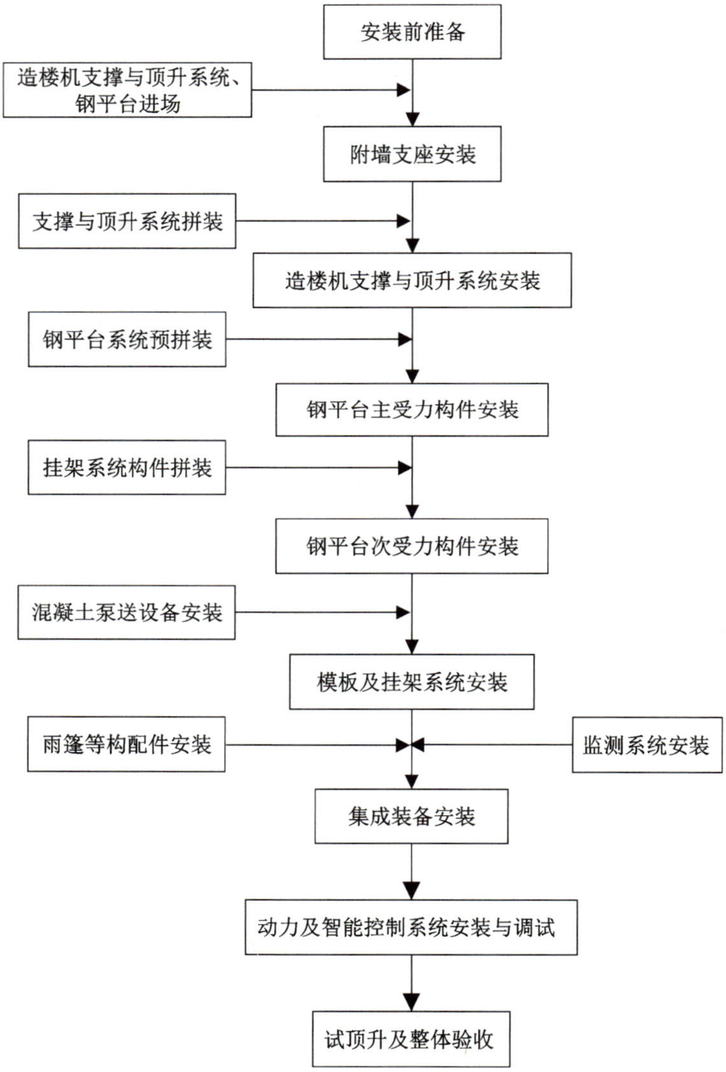

图 4.3 造楼机安装操作流程

造楼机各系统组成图例如图 4.4 至图 4.9 所示。

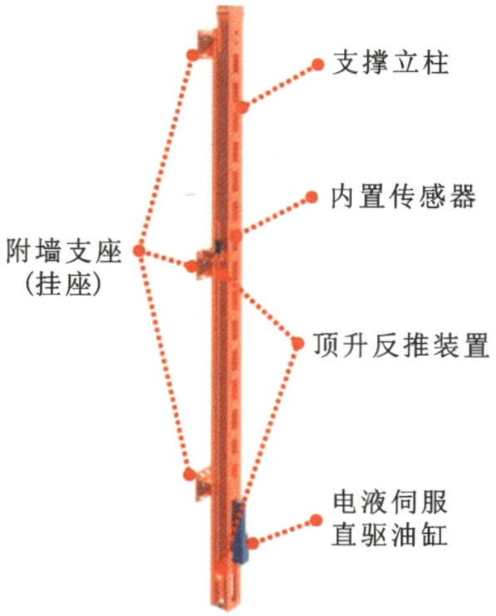

图 4.4　支撑动力系统

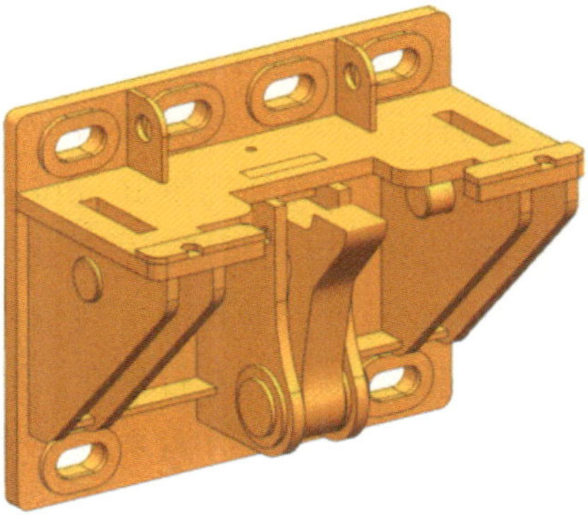

图 4.5　附墙支座（挂座）

图 4.6　组合式钢平台

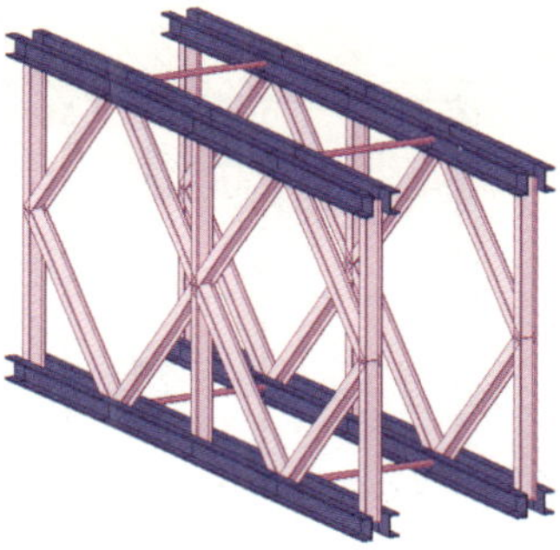

图 4.7　贝雷架

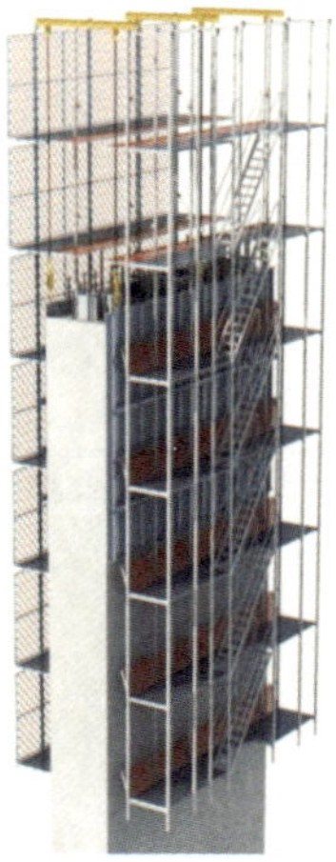

图 4.8　挂架系统

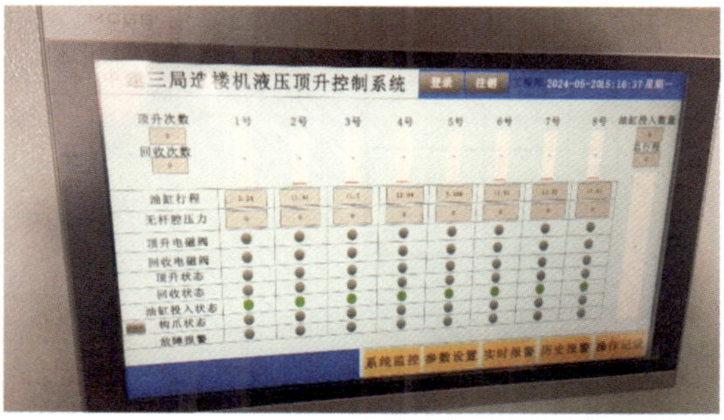

图 4.9　顶升控制系统

(1) 空中造楼机预埋施工

造楼机安装前须在已施工楼层预埋至少 2 道可周转螺杆，预埋方案提前制定。为保证预埋定位的准确性，通常采用定位钢模与木模结合或者定位钢模与铝模结合的方式，针对不同厚度的墙体可以选择不同类型的可周转螺杆。墙厚不小于 400 mm 时，采用单向锚固螺杆，如图 4.10 所示；墙厚小于 400 mm 时，采用对拉螺杆，如图 4.11 所示。预埋螺杆尽量避开墙体暗柱钢筋，以便施工。单个预埋螺杆上下允许误差 5 mm，水平方向上的允许误差 20 mm。

定位钢模为预埋可周转螺杆定型化设计，适配两种不同的可周转螺杆。采用单向锚固螺杆时，定位钢模设计有便于安装锚固螺杆的法兰盘，确保连接紧固；采用对拉螺杆时，定位钢模配合 ϕ50 套管进行预埋。定位钢模与木模配合时，定位钢模周边采用角钢进行封边，避免混凝土浇筑时漏浆；定位钢模与铝模配合时，定位钢模四周的开孔尺寸及定位适配铝模销钉孔间距的模数，保证钢模和铝模之间的拼缝能很好地衔接和固定。

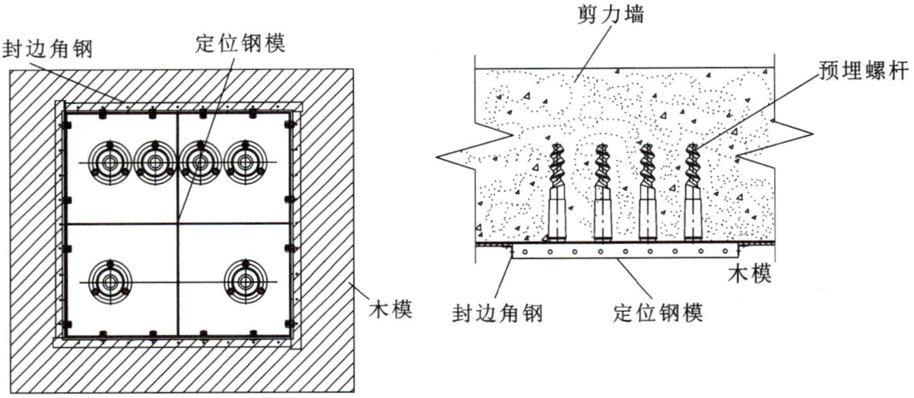

外墙预埋(配合木模时)

图 4.10 单向锚固螺杆

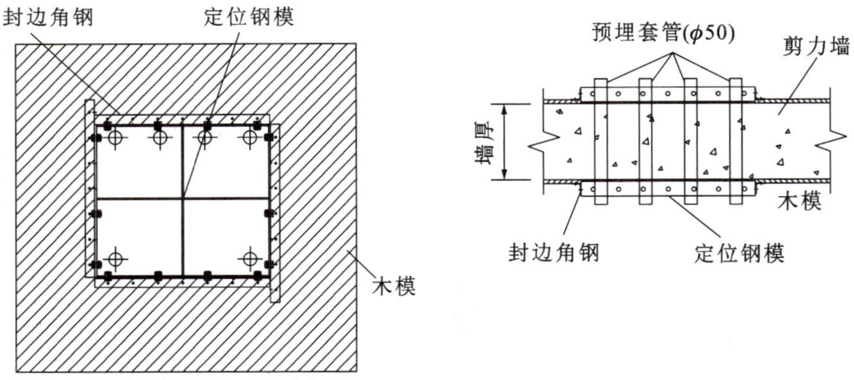

内墙预埋(配合木模时)

图 4.11 对拉螺杆

混凝土浇筑完成并拆模后，再次测量、复核挂座预埋位置，对于偏差较大的个别孔位提前进行处理。如仍存在偏位情况，在测量定位后，使用水钻从挂座安装面垂直进行开孔，开孔直径为 45 mm，水钻开孔及套管预埋须保证垂直度。此方法开孔时间长，且对已成型混凝土或钢筋有扰动，现场预埋孔位实景如图 4.12 所示。

(2) 住宅造楼机留设螺栓孔

住宅造楼机预埋施工与铝模生产单位配合完成，提前将螺杆安装定位图提供给铝模厂家。厂家对相应铝模板进行预开孔处理，铝模开孔须在车间内完成，每组孔的定位及任意孔间距偏差不得大于 2 mm。铝模板拼装后，穿墙孔位使用直径为 50 mm 的 PVC 管或钢管进行预埋；局部采用爬锥进行预埋。预埋完成后进行混凝土浇筑，混凝土浇筑后复核孔位是否满足使用需要。铝模板开孔如图 4.13 所示。

图 4.12　现场预埋孔位

图 4.13　铝模预开孔

现场安装步骤：

1) 挂座安装

挂座安装之前应复核墙体和预埋位置偏差并做好书面记录，挂座安装前水平和竖向定位轴线弹线上墙。拆模后，依据轴线画出附墙支座设计安装中心线，与预埋件复核，偏差过大无法安装时，可采取水钻扩孔等措施补救。

(1) 墙体垂直度复核：安装前采用经纬仪、吊线锤等复核墙体垂直度，出现胀模、错台等情况或垂直度偏差超过 20 mm 时应上报并研究处理方案后才能进行挂座安装。

(2) 附墙支座组装：支座挂爪安装孔、挂爪销轴应均匀涂抹黄油润滑，安装支座挂爪和开口销后，安装复位弹簧。检验支座挂爪是否转动灵活、复位迅速。

附墙支座贴合结构面对齐安装孔，首次安装时 M42 螺栓方向保持一致、由外向内穿，外侧与附墙支座接触面加平垫，内侧采用垫板加平垫加双螺母紧固。附墙支座上排安装 3 根 M42 螺杆、下排安装 2 根 M42 螺杆固定。附墙支座底部完全贴合结构面不得有缝隙，用水平尺校核附墙支座水平度，水平方向偏差不得超过 5 mm。同一机位的 3 个附墙支座安装须用吊线锤复核，保证同一机位的 3 个附墙支座竖向位置相对偏差不大于 5 mm。

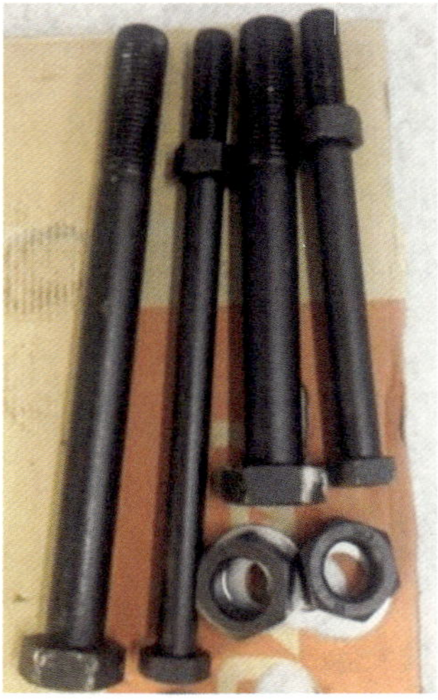

图 4.14 穿墙螺杆

(3) 人员配置：宜配置两组人员，每组 2～3 人；一组负责挂座初步安装，一组负责剩余螺杆安装及螺母紧固，采用流水作业形式。

(4) 螺杆选用：须提前确认穿墙厚度，并叠加挂座底板厚度、螺母厚度及垫片厚度以确认总长与丝口长度；螺杆直径宜为 42 mm，强度等级为 10.9 级，如图 4.14 所示。

(5) 螺杆安装：螺杆从挂座安装面穿入墙体，在墙背面先套上 1 块尺寸为 150 mm×150 mm×15 mm、材质为 Q235 的钢垫片，再套入双螺母进行紧固。

住宅造楼机挂座含两排安装孔，每排 3 个孔，共 6 个孔。挂座安装应保证 5 根螺杆可完成穿墙及螺母紧固，宜采用“上三下二”的螺杆配置形式，无法满足时再启用剩余 1 个安装孔。挂座螺杆的极限安装要求为“上二下一”。挂座安装如图 4.15 所示。

图 4.15 挂座安装（住宅造楼机）

空中造楼机挂座含两排安装孔，上排 4 个孔，下排 2 个孔。挂座安装应保证 6 根螺杆紧固良好，挂座安装如图 4.16 所示。

挂座安装分两组进行，一组作业人员利用塔吊将悬挂好的挂座吊装至挂座预留孔位置，经过微调，使挂座可周转螺杆能顺利穿过预留孔，并完成螺母初拧，塔吊即可解钩进行下一个挂座的吊装；剩余螺杆交由另一组作业人员安装完成。

挂座安装复核：每根支撑立柱与主体结构墙体之间设置上、中、下三道挂座，支撑立柱的三道挂座完成安装后，须进行垂直度的复核，要求三道挂座中心线在同一竖

图 4.16　挂座安装（空中造楼机）

直线上。单个挂座安装效果应保证背面竖直，上沿水平，无内外俯仰角、左右斜角、竖直面转角等。

2）扁担及卡头安装

第二道挂座在地面组装时安装扁担和卡头，同时松开卡头的紧固螺丝。扁担通过销轴固定在附墙支座上的方形预留孔中，且插入 R 型销。卡头通过螺栓固定在扁担上，保证扁担开孔与卡头孔中心对齐。

3）支撑立柱的安装

支撑立柱采用现场拼装，整体吊装的方法。

(1) 液压油缸安装：导轨立柱平放于地面，将液压油缸吊耳放入导轨立柱下端内腔安装位置，由 ϕ70 销轴固定（销轴表面提前均匀涂抹黄油），并插入开口销止退，开口销开口角度不小于 60°。

(2) 顶升横梁安装：顶升横梁竖板安装孔与液压油缸活塞杆端安装孔对齐，插入 ϕ70 销轴固定（销轴表面提前均匀涂抹黄油），并插入开口销止退，开口销开口角度不小于 60°。

(3) 导轨立柱连接板安装：两块连接板安装于导轨立柱下部正面，用于提高导轨立柱下部开孔位置的横向连接强度；每块连接板由 4 根 M20 螺栓固定，两侧接触面均设平垫，单螺母紧固。

(4) 爬杆安装：两根爬杆分别安装于导轨立柱两侧，下端吊耳与顶升横梁连接，上端与第二道附墙支座处的爬杆扁担连接；爬杆首先由下至上插入爬杆扁担及夹头的中心孔内，然后下端吊耳通过 ϕ40 销轴（销轴表面提前涂抹黄油）与顶升横梁连接，插入开口销止退，开口销开口角度不小于 60°。

在安装接高柱前，依据桁架布置图，在接高柱顶部端面画出贝雷片对应接高柱的水平安装定位中心线（机位支点不同，对应接高柱的贝雷片水平安装定位中心线不同），便于吊装时准确安装，减小安装误差。

接高柱每个脚柱的 4 个螺栓安装孔分别与导轨立柱顶部一侧的 4 个螺栓安装孔对齐，8 根 M20 螺栓方向保持一致、自下而上依次穿过接高柱与导轨立柱，将接高柱固定安装于导轨立柱顶部。连接处自下而上依次为 M20 螺栓、平垫、导轨立柱上部工字钢、接高柱脚柱钢板、平垫、螺母。

（5）接高柱操作架：接高柱吊装完成后，同步搭设接高柱安装操作架，待结构外围贝雷片安装完成后拆除接高柱操作架。

100 t 支撑系统采用以下流程进行安装：导轨与接高柱拼装—动力油缸安装—顶升横梁、爬杆安装—动力包安装—滑动支座安装—辅助作业平台安装—防坠器挂设。

具体安装步骤如下：

①导轨与接高柱拼装：将接高柱支设在一定高度，调整导轨进行对孔安装，调直导轨和接高柱，分批次紧固螺栓。

②动力油缸安装：将油缸水平吊运至导轨端部，使油缸上部销孔进入导轨立柱上部两加劲板销孔之中，并插入插销锁死。

③顶升横梁、爬杆安装：将顶升横梁沿导轨立柱下部开叉处塞入，顶升横梁上部与油缸通过销轴连接，插入开口销。然后将爬杆吊运至横梁处，爬杆端部与横梁两侧通过销轴连接，爬杆端部用铁丝绑扎附着于导轨之上，方便吊装。

④动力包安装：将导轨端部缀板卸下，下移一个孔位，用缀板将动力包角钢支架与导轨连接。

⑤滑动支座安装：滑动支座底部与接高柱顶部用螺栓连接紧固。

⑥辅助作业平台安装：按照设计图纸，将辅助作业平台安装在接高柱顶部。

50 t 支撑系统参照 100 t 支撑系统进行安装，整体上大致相同，遵守先组装、后吊装的原则。

4）钢平台桁架安装

空中造楼机钢平台桁架的安装步骤如下：

（1）为便于确定桁架的进场次序和安装顺序，车辆运输、现场堆场均可按照桁架的编号依次进行。桁架出厂前根据设计图纸，在特定位置将桁架设计编号、施工编号进行标识，同时完成预拼装。

（2）桁架运输至现场后，根据施工计划及设计图纸，按照各吊次进行现场拼装，同时，将各吊次上的附属构件集成在桁架上，尤其注意滑梁的安装定位。

（3）先吊装各个支撑立柱顶部的桁架，依序吊装，然后连接、装配钢平台所有桁架及贝雷片。桁架安装完成后按指定区域铺设花纹钢板并完善平台顶部洞口及邻边防护。各吊次总重量应满足塔吊吊重要求。

空中造楼机钢平台桁架安装如图 4.17 至图 4.22 所示。

图 4.17　桁架在地面拼装

图 4.18　钢平台附属件在地面拼装

图 4.19　钢平台部分铺板提前拼装

图 4.20　钢平台拼装场地

图 4.21　单吊平台起吊

图 4.22　单吊平台吊装就位

住宅造楼机钢平台桁架具体安装步骤如下：

（1）桁架分段：明确主次桁架，根据塔吊吊重范围对主次桁架分段。

（2）确定吊装顺序：吊装顺序原则为先吊装主桁架后吊装次桁架；吊装主次桁架时，先吊装可直接放置在两个接高柱上的桁架；待钢平台桁架基本受力结构形成后，错开式完成剩余桁架吊装。如图 4.23 至图 4.25 所示。

图 4.23　主桁架安装

图 4.24　次桁架安装

图 4.25　桁架安装完成

（3）胎架设置：桁架吊装布置时，两端须存在承载点，若根据吊装顺序，存在桁架（尤其主桁架）吊装布置为悬臂状态，吊装前须在悬臂端搭设胎架作为临时支撑。

（4）桁架吊装：根据吊装顺序，将桁架水平吊运至安装位置，并根据安装标记，将桁架与接高柱、胎架对应放置；桁架与接高柱连接采用 U 形卡环加夹板等方式，桁架与桁架连接时将桁架阴阳头销孔对应并插入贝雷销锁死。

（5）注意事项

根据分段，桁架宜在出厂前完成预拼装再运输至现场；桁架宜将上部钢平台外立面防护、走道板、栏杆等集成，一同吊装；接高柱及桁架宜根据图纸，出厂时自带安装标记，利于快速对应；桁架到场放置，确保上下不颠倒，吊装顺序在前的桁架放置在上方；桁架到场后宜放于塔吊吊重范围内靠近安装的位置。

具体的实施步骤如下：

①贝雷片拼装

第一步：单榀拼装

根据桁架分段图纸，按照编号从大到小将贝雷片拼装成单榀。拼装过程中注意贝雷片规格、位置、数量。

单榀贝雷架拼装好后，编号较大的放下层，每榀之间设置木方分隔。

贝雷片利用贝雷销连接，双榀贝雷架贝雷销由内向外安装，贝雷销上再安装相匹配的开口销；

双榀贝雷架也须先拼装为单榀。

第二步：一字连接片组装

将一字连接片组装，根据孔径选择螺栓，螺栓正背面各设置 1 个平垫，再套上螺母紧固；螺栓安装方向保持一致。

第三步：一字连接片安装及双榀拼装

将双榀贝雷架的两条单榀按 750 mm 左右间距立放在 30 cm 高的木方上（利用木方等斜撑，防止倾倒），在一字连接片安装位置的贝雷片的两侧弦杆槽钢中设置钢垫块，利用螺栓将连接片与一侧单榀连接，螺栓依次穿过一字连接片角钢、平垫、钢垫块、贝雷片、钢垫块（或阴阳头）、平垫后，再套上螺母紧固。再将另一条单榀与一字连接片按同样方式连接。

部分双榀贝雷架未设置一字连接片，可跳过此步。

第四步：阴阳头安装

根据阴阳头安装位置、规格、数量，安装阴阳头，将螺栓从双榀贝雷架外侧依次穿过阴阳头、平垫、贝雷片、钢垫块、平垫后，再套上螺母紧固。

部分一字连接片安装位置的另一侧设有阴阳头，共用同一套螺栓，根据图纸实施。

第五步：对拉螺杆安装

将长螺杆穿过双榀贝雷架弦杆菱形节点、直径为 30 mm 的孔，两条单榀贝雷片弦杆内外侧均为 1 个平垫＋螺母，控制双榀贝雷架弦杆中心距为 750 mm，且长螺杆两端露头长度基本一致。

第六步：A 型吊杆连接件定位

以一段贝雷架一端的阴阳头开孔圆心为起始点，根据 A 型吊杆连接件布置定位，在贝雷架下弦上方标注出A型吊杆连接件安装中心线。

第七步：挑梁安装

以一段贝雷架一端的阴阳头开孔圆心为起始点，根据挑梁布置位置、规格，在贝雷架下弦标注出挑梁安装中心线。

将挑梁布置在对应位置，在挑梁尾部开孔位置，将挑梁连接件（同A型吊杆连接件）安装在贝雷架下弦下侧，将螺栓从下向上，依次穿过挑梁连接件、平垫、贝雷片、挑梁、平垫后，再套上螺母紧固。

在另一条单榀，将2个螺栓从下向上，依次穿过夹板B1、平垫、贝雷片、挑梁、夹板B2、平垫后，再套上螺母紧固。完成挑梁与贝雷架的连接。

第八步：挑梁龙骨安装

根据挑梁龙骨规格、数量、安装位置，在挑梁上画出龙骨安装中心线，同时在龙骨上画出悬挑端界线（相对于挑梁中心线）。

将挑梁龙骨布置在挑梁下方，利用挑梁龙骨连接件（即夹板B1），将4根螺栓从下向上，依次穿过夹板B1、平垫、挑梁龙骨、挑梁、夹板B1、平垫后，再套上螺母紧固。完成挑梁龙骨与挑梁的连接。

第九步：B型吊杆连接件安装

根据B型吊杆连接件安装位置，在挑梁龙骨上画出B型吊杆连接件安装中心线。

将B型吊杆连接件布置在挑梁龙骨下方，注意安装方向，4根螺栓从下向上，依次穿过B型吊杆连接件、平垫、挑梁龙骨、夹板B1、平垫后，再套上螺母紧固。完成B型吊杆连接件安装。

第十步：C型吊杆连接件、水箱、泵站安装

根据C型吊杆连接件安装位置，将4个螺栓从上向下，依次穿过平垫、配套夹板、贝雷架、C型吊杆连接件、平垫后，再套上螺母紧固。完成C型吊杆连接件安装。

泵站一般安装在贝雷架与接高柱连接位置旁，泵站出油口须对着接高柱方向。

在贝雷架下弦上方画出水箱承载梁安装中心线，水箱安装根据进场时间决定，最早可在对拉螺杆安装前进行，最晚为钢平台安装后。

第十一步：贝雷片与接高柱对接定位

在贝雷架下弦上方画出贝雷片与接高柱对接位置的定位线，定位线对应接高柱顶梁的中心线。

注意：拼装后检查上述构件的规格、数量、安装位置及螺栓紧固情况，同时各个构件可采用不同颜色记号笔进行画线定位，防止混淆。

②贝雷架吊装

第一步：提前根据图纸搭设胎架及登高架。胎架一般为纵横向1 m×2跨，竖向1.5 m/步，高度保证顶标高为贝雷架底标高，辅以抛撑、剪刀撑。

第二步：贝雷架吊装前，在接高柱顶梁上画出贝雷架横竖向定位线。

第三步：根据图纸编号顺序进行贝雷架吊装，单榀贝雷架吊装采用 2 根钢丝绳或布带，设有 2 个吊点；双榀贝雷架采用 4 根钢丝绳或布带，设有 4 个吊点，钢丝绳或布带与桁架角度控制在 45°～60°。

保证贝雷架存在两个可靠支点以确保稳定性与安全性，将 4 根螺栓，依次穿过平垫、一字连接片、贝雷架、接高柱、平垫，再套上螺母紧固。完成贝雷架与接高柱对接。

5）挂架安装

挂架安装步骤：

（1）吊点布置：根据安装图纸，在贝雷架下弦完成内外两侧吊点的布置，结构外立面变化位置增加挑梁安装，使用 U 形卡环及夹板固定挑梁。

（2）吊杆组装：地面组装标准吊杆及吊杆连接杆，形成整条下挂吊杆。

（3）吊杆安装：利用电动葫芦等工具，将吊杆从地面吊至吊点位置，并将螺栓穿过吊点及吊杆端部孔洞再套上螺母紧固，完成吊杆安装。

桁架吊装完成后，依据挂架吊点布置图在贝雷架下弦槽钢或挑梁位置布设吊点，区分 A、B、C 型吊杆连接件的安装位置，B 型吊杆连接件的开口朝向须与走道龙骨走向保持一致。

吊点布设完成后，借助脚手架安装上吊杆：采用滑轮将上吊杆拉至吊点位置，A 型吊杆连接件处上吊杆采用活接螺栓连接、B 型吊杆连接件与 C 型吊杆连接件处上吊杆采用销轴连接，保证 C 型吊杆连接件处上吊杆安装完成后开孔面与走道龙骨方向保持一致、不在垂直方向，销轴止退措施采用开口销时开口应大于 60°、采用 R 型销时须完全插入。

上吊杆安装完成后，采用滑轮将中吊杆拉至上吊杆下端，通过连接片与螺栓将二者固定，转角处螺帽均朝外、螺母均安装在内侧，平垫不得漏设。

中吊杆安装完成后，安装龙骨连接件，上吊杆最上部开孔与走道下方 1 m 处对应的中吊杆开孔处安装 2 型龙骨连接件。其余位置均安装 1 型龙骨连接件。转角位置依据设计图纸安装 1 型和 2 型角钢支架，其方向、类型与设计图纸保持一致，不得混用。转角处螺帽均朝外、螺母均安装在内侧，平垫不得漏设。

在首层脚手架拆除前安装下吊杆，待造楼机首次提升完成后拆除首层脚手架，下吊杆将变成竖直状态，此时开始安装龙骨连接件、走道龙骨、走道板，并按设计图纸依次向上安装挂架。

（4）龙骨安装：依据走道龙骨分段图裁剪 C 型钢（裁剪长度误差小于 5 mm），用记号笔在地面标识出每段走道龙骨上对应的吊杆中心线（中心线标识位置误差小于 2 mm）。上吊杆与中吊杆位置的脚手架拆除完成后，由中吊杆最下部向上逐一安装吊杆连杆与走道龙骨。吊杆连杆安装在 1 型龙骨连接件外侧孔上，螺栓从上至下穿过安装孔，采用平垫与螺母紧固，吊杆连杆连接两根同一横向位置的吊杆。当吊杆横向间距不一致时，依据图纸选用对应长度的吊杆连杆。1型龙骨连接件位置的走道龙骨安装在内侧靠吊杆的孔上方并贴紧吊杆，吊杆中心标识线与吊杆中心重合，采用弹簧螺母将走道龙骨与龙骨连接件固定。转角位置存在角钢连接件时，走道龙骨对应的安装孔必须与图纸一致、不得错位。阳角位置走道龙骨端面与吊杆外侧面对齐，阴角位置竖向走道龙骨端面贴合于横向走道龙骨侧面。阳角位置的走道龙骨下方均设三角连接片，三角连接片与其阳角轮廓重合，安装3颗弹簧螺母将三角连接片与阳角位置的两根走道龙骨固定在一起。

（5）走道板安装：由下至上，确认每层走道板位置，使用走道板横梁连接内外侧吊杆并紧固螺栓，根据吊杆间距选择走道板长度并进行安装。

走道板安装前应核查板长度是否正确，避免用错；走道板安装时应排列整齐，缝隙均匀，沿挂架外侧走道板边沿且应保证顺直，误差在5 mm以内，保证观感质量符合要求，避免影响挂架防护网片安装。

走道板与龙骨间采用自攻钉固定，注意检查自攻钉与龙骨是否有效连接；当走道板宽度大于挂架宽度时，应重点检查探头板另一侧自攻钉与龙骨连接情况，防止探头板一侧踩踏翘起发生坠落伤人事故。

安装过程中，不能及时固定的走道板严禁放置在挂架上，以防施工中误踩后滑动造成高坠事故。

走道板与吊杆间的空隙超过250 mm时，采用2 mm厚钢板切割后填补空隙。

走道板安装完成后，应及时清理走道板上剩余材料及杂物，防止坠落伤人；并逐层逐块检查安装质量，确保使用安全。

挂架转角处或结构凸出处走道板安装前须复核尺寸，避免与结构冲突。

挂架第4、8层走道板边缘沿外墙设置可翻转翻板机构。翻板与走道板连接铰链间距不大于1.2 m，翻板与走道板间缝隙不大于8 mm，转角位置翻板必须全封闭且翻转灵活；施工状态下，翻板靠墙封闭，防止物体坠落，顶升状态时，翻板全部打开保证脱离墙体。

造楼机顶部平台走道板在贝雷架吊装完毕后立即开始安装：双榀贝雷架直接安装于贝雷架顶部，采用钩头螺栓固定；单榀贝雷架采用专用连接件连接；同步安装平台防护栏杆。

（6）网片安装：挂架外防护网片采用专用连接件与挂架龙骨连接，网片间采用插销或螺栓连接；防护网片安装前，应检查防护网片上下开孔位置是否与吊杆位置冲突，如发生冲突应在地面重新开孔；污损变形网片必须修理清洁后方可进行安装；防护网片安装时，上下两层网片采用插销与连接件连接；左右两片网片间采用插销或螺栓连接；网片间间隙不应大于2 mm，并检查开口销是否安装到位、是否有漏装现象；龙骨与网片连接件间采用弹簧螺母、螺栓连接，安装后应抽查连接质量；安装过程中应注意非标网片的安装位置、网片的花纹方向，安装完成后应检查整体外观是否美观，整体效果是否与设计相符。

(7) 楼梯安装：楼梯吊装前应检查钢丝绳及绳卡外观有无破损、尺寸是否符合要求；楼梯吊装时，分包安全管理人员应全程旁站，与塔吊指挥密切配合保证吊装安全；楼梯平面位置安装偏差不应大于 5 mm；楼梯安装时，临边等特殊部位必须拉设钢丝绳确保施工安全；楼梯吊装完成后应及时安装楼梯扶手，及时与附着结构固定；未与附着结构有效固定、未安装扶手的楼梯严禁使用。

(8) 外立面防护网安装：每层走道板安装时或安装完成后，根据吊杆间距选择防护网宽度，将防护网四角卡入脱扣并插入插销完成防护网安装。

(9) 其他安全防护安装：布置翻板，翻板间缝隙采用胶皮等柔性材料消除；在走道板与外立面防护网缝隙处安装踢脚板；在吊杆内侧拉结至少两道钢丝绳或链条等并添加安全防护标识，作架体内侧防护。

6) 布料机安装

布料机除底座与贝雷架上弦连接的工字钢等轻量构件外，其余构件须在贝雷架安装完成（所有螺栓紧固）后进行吊装；布料机由布料机厂家进行安装，安装参考相关规格布料机使用手册；安装后，复核布料机部位钢平台下挠是否满足要求。

7) 控制室安装

(1) 控制室一般布置在钢平台桁架洞口处，在相应贝雷架下弦上方搭设控制室，承载控制室的工字钢作焊接处理；

(2) 安装控制室走道板并放置控制柜、造楼机主电缆等物品；

(3) 控制室内部高度一般为 2.7 m 左右，控制室由相应尺寸薄壁钢板焊接而成，焊缝位置做防水处理；

(4) 安装门及通往控制室内的钢爬梯；

(5) 钢平台走道板标高以下，控制室靠桁架侧，采用成品防护网封闭；

(6) 控制室内外刷漆，悬挂相关指示牌，配置照明、用电等设备。

8) 其他附属设施安装

根据功能需求安装消防水箱、喷淋水管、轴流风机、二级配电箱等。

4.3.2　液压调试

造楼机各系统（含液压系统）安装完成后，须对液压系统进行调试和试运行。液压系统调试分为单支点调试和支点联动测试，调试过程由专业人员进行现场指导，通过对油缸行程及运动过程的测试，验证顶升系统操控的正确性及顶升系统的可行性。

1）调试前准备

造楼机主要受力构件全部安装完成，雨篷、栏杆、部分挂架等防护附属工程可稍后安装，优先保证液压设备、传感器、电缆和信号线等安装完成。

2）调试流程及要求

(1) 松开卡头，单个支点逐一空跑一个往返行程，观察行程变化及压力变化；

(2) 油缸整体提升 30 mm，锁紧卡头，归零初始化行程；

(3) 整体同步带压顶升 30 mm，观察支点处混凝土是否开裂、挂座螺栓是否紧固、油管是否漏油、油压基本数据变化等，稳定无误后同步顶升至 100 mm，记录初始行程和油压数据，稳压 12 h，再次检查构件情况及相关数据。

4.3.3 验收要求

1）验收标准

造楼机为新型施工建造装备，验收标准参照《超高层建筑施工装备集成平台技术规程》（T/CECS 744—2020）。按照程序对进场构件进行材料验收，同一批次的支撑系统及钢平台的重要构件（如附墙支座、支撑立柱、液压油缸等）进场须提供相应的钢结构探伤报告、产品合格证、原材料报告，拼装后进行综合调试验收，验收通过后，造楼机正式投入使用。

2）验收内容

(1) 进场验收：根据相关要求，须对造楼机系统（包括支撑系统、钢平台系统、挂架系统及液压系统）各加工构件进行进场验收，进场验收包括规格型号数量检查、外观检查、焊缝检查、紧固件检查、功能检查等。

(2) 安装阶段验收：造楼机安装阶段应分系统、分阶段验收，整体验收流程为：预埋件→外部连接件（挂座）→支撑立柱→钢平台＋挂架→液压电控系统→造楼机防护。（备注：由于挂架与钢平台同时穿插安装，因此须等挂架与钢平台全部安装完成后方可验收）

(3) 首次提升前验收：架体搭设是否符合方案要求；架体水平、立面防护是否到位；提升装置安装是否到位；电气设备运行是否正常；障碍物是否清除完毕等。

(4) 每次提升前验收：障碍物是否清除完毕；电气设备运行是否正常；架体上主要受力构件是否完好；根据现场施工情况判定是否可以进行提升作业。

(5) 每次提升后验收：架体顶升是否到位；水平及立面防护是否恢复到位；根据现场施工情况判定是否可以交付其他班组使用。

验收表格详见表 4.5 至表 4.8。

表 4.5　智能顶升模架构件验收表

检查位置	检查项目	标准	检查结果
钢平台系统	桁架	数量、规格正确，外观完好，颜色、尺寸及焊接符合设计要求	
	连接架		
	阴阳头		
	钢平台走道板	数量、规格正确，外观完好，颜色、尺寸符合设计要求	
	钢平台防护网		
	钢平台防护栏杆		
	滑梁		
挂架系统	吊头连接件	数量、规格正确，外观完好，颜色、尺寸、焊接符合设计要求	
	吊杆	数量、规格正确，外观完好，镀锌，符合设计要求	
	吊杆连杆	数量、规格正确，外观完好，镀锌，尺寸符合设计要求	
	走道龙骨	数量、规格正确，外观完好，镀锌	
	挂架走道板	数量、规格正确，外观完好，镀锌，尺寸符合设计要求	
	挂架防护网	数量、规格正确，外观完好，颜色、尺寸符合设计要求	
	翻板	数量、规格正确，镀锌，尺寸符合设计要求	
	角钢连接件	数量、规格正确，外观完好，镀锌，尺寸符合设计要求	
	防护网连接件		
支撑系统	附墙支座	数量正确，外观完好，尺寸及焊接符合设计要求	
	接高柱	数量正确，外观完好顺直，尺寸及焊接符合设计要求	
	导轨立柱		
	扁担	数量正确，外观完好，尺寸及焊接符合设计要求	
	爬杆	数量正确，顺直无破损，符合设计要求	
	顶升横梁	数量正确，外观完好，尺寸及焊接符合设计要求	
	单向自锁卡头	数量正确，外观及功能完好	
动力系统	液压油缸	数量正确，外观完好，密封性良好，油电路接口完好，符合设计要求	
	控制台	外观完好，功能按键完好	
其他	螺栓及构件	数量正确，规格符合节点设计要求	
检查结论			
检查签字		验收日期：　　年　　月　　日	

表 4.6 智能顶升模架安装验收表

检查位置	检查项目	标准	检查结果
钢平台系统	钢平台桁架之间连接	贝雷销数量、规格符合设计要求；设置匹配开口销	
	钢平台连接架螺栓连接	螺栓规格、数量符合设计要求且紧固；每根螺栓配 1 个螺母 2 个平垫	
	钢平台阴阳头螺栓连接	螺栓规格、数量符合设计要求且紧固；每根螺栓配 1 个螺母 2 个平垫	
	钢平台对拉螺杆设置	螺杆规格、数量符合设计要求且紧固；每根螺杆配 4 个螺母	
	滑梁设置	滑梁布置及连接节点符合设计要求，连接螺栓紧固	
	钢平台外防护	不低于 1.8 m（从钢平台上弦起算）	
	钢平台防护栏杆	不低于 1.05 m	
	钢平台走道板	铺设紧密牢固	
	钢平台堆场及堆载情况	堆场设置合理，堆场符合设计要求	
挂架系统	离墙间距	符合设计要求	
	挂架宽度、步距、跨距	符合设计要求	
	吊头连接件连接	连接符合设计要求，连接紧固	
	挂架走道板	铺设紧密牢固	
	防护网片设置	连接符合设计要求，连接紧固	
	翻板设置	符合设计要求	
	与塔吊、施工电梯关系	无干涉冲突	
支撑系统	附墙支座安装	附墙支座紧贴墙面，无倾斜；连接节点符合设计要求	
	导轨立柱	无倾斜，防坠、防倾覆功能良好	
	爬杆设置	爬杆顺直	
	单向自锁卡头设置	连接节点符合设计要求，单向自锁功能良好	
	顶升横梁	连接节点符合设计要求且水平	
动力系统	液压油缸	功能良好	
	电控系统	程序设置正常，功能良好	
其他	电缆、电箱	1 根独立电缆及 1 个二级配电箱负责模架供电	
检查结论			
检查签字		验收日期： 年 月 日	

表 4.7　智能顶升模架顶升作业前检查验收表

第　　层　　　　　　　　　　　　　　　　　　　　　　　　　　年　月　日

<table>
<tr><td>工程名称</td><td colspan="4"></td></tr>
<tr><td>总包单位</td><td colspan="2"></td><td>项目经理</td><td></td></tr>
<tr><td>监理单位</td><td colspan="2"></td><td>项目总监</td><td></td></tr>
<tr><td>运维单位</td><td colspan="2"></td><td>项目负责人</td><td></td></tr>
<tr><td>序号</td><td>检查项目</td><td colspan="2">检查内容</td><td>检查结果</td></tr>
<tr><td>1</td><td>支点混凝土强度</td><td colspan="2">中、上道支点部位混凝土强度达到设计要求</td><td></td></tr>
<tr><td>2</td><td rowspan="2">附墙支座设置</td><td colspan="2">每个支点 3 个附墙支座安装紧固</td><td></td></tr>
<tr><td>3</td><td colspan="2">附墙支座外观功能良好，核对固定螺杆数量</td><td></td></tr>
<tr><td>4</td><td rowspan="2">升降装置设置</td><td colspan="2">液压系统启动灵敏，控制柜功能正常，工作正常</td><td></td></tr>
<tr><td>5</td><td colspan="2">位移计外观及功能正常</td><td></td></tr>
<tr><td>6</td><td rowspan="2">防坠落装置设置</td><td colspan="2">附墙支座钩爪翻转正常且可插入导轨立柱中</td><td></td></tr>
<tr><td>7</td><td colspan="2">单向自锁卡头功能正常</td><td></td></tr>
<tr><td>8</td><td rowspan="2">防倾倒装置设置</td><td colspan="2">附墙支座左右限位完整，导轨立柱翼缘位于限位之间</td><td></td></tr>
<tr><td>9</td><td colspan="2">贝雷片钢平台连接完整，与接高柱连接紧固</td><td></td></tr>
<tr><td>10</td><td>同步顶升设置</td><td colspan="2">同步顶升控制系统完好，显示正常</td><td></td></tr>
<tr><td>11</td><td>障碍物</td><td colspan="2">悬挂模板与墙体脱离；挂架顶升空间无障碍物阻碍</td><td></td></tr>
<tr><td>12</td><td>挂架翻板</td><td colspan="2">所有翻板打开</td><td></td></tr>
<tr><td>13</td><td>挂架堆载</td><td colspan="2">材料有序堆载，不超高、不超过限载</td><td></td></tr>
<tr><td>14</td><td>塔吊或施工电梯附着位置</td><td colspan="2">附着位置可开合挂架打开，不阻碍顶升</td><td></td></tr>
<tr><td>15</td><td>电路检查</td><td colspan="2">电缆预留长度充足；电路无破损，功能正常</td><td></td></tr>
<tr><td>16</td><td>油路检查</td><td colspan="2">油管外观正常，自然垂落无刮碰</td><td></td></tr>
<tr><td>17</td><td>泵管检查</td><td colspan="2">混凝土泵管与布料机脱离</td><td></td></tr>
<tr><td>18</td><td>其他管线检查</td><td colspan="2">作业面临时拉设的水电路拆除或脱离</td><td></td></tr>
<tr><td>19</td><td rowspan="2">操作人员及通信设备</td><td colspan="2">经过安全技术交底</td><td></td></tr>
<tr><td>20</td><td colspan="2">人员到位，通信设备正常</td><td></td></tr>
<tr><td>21</td><td>监督旁站人员</td><td colspan="2">总包及监理单位旁站人员到场</td><td></td></tr>
<tr><td>检查结论</td><td colspan="4">验收日期：　　年　　月　　日</td></tr>
<tr><td rowspan="2">检查签字</td><td colspan="2">分包单位</td><td colspan="2">总包单位</td></tr>
<tr><td colspan="2"></td><td colspan="2"></td></tr>
<tr><td colspan="5">符合要求，同意顶升。
不符合要求，不同意顶升。
监理工程师签字：　　　年　月　日</td></tr>
</table>

备注：由总包、分包单位项目技术、生产、机电、安全负责人及相关人员进行验收，验收完成后报监理单位验收。

表 4.8 智能顶升模架顶升作业后检查验收表

第　　层　　　　　　　　　　　　　　　　　　　　年　　月　　日

<table>
<tr><td colspan="4">工程名称</td></tr>
<tr><td>总包单位</td><td></td><td>项目经理</td><td></td></tr>
<tr><td>监理单位</td><td></td><td>项目总监</td><td></td></tr>
<tr><td>运维单位</td><td></td><td>项目负责人</td><td></td></tr>
<tr><td>序号</td><td colspan="2">验收内容与要求</td><td>检查结果</td></tr>
<tr><td>1</td><td colspan="2">造楼机整体无倾斜</td><td></td></tr>
<tr><td>2</td><td colspan="2">接高柱处于竖直状态，无倾斜</td><td></td></tr>
<tr><td>3</td><td colspan="2">钢平台连接完整，与接高柱连接紧固</td><td></td></tr>
<tr><td>4</td><td colspan="2">支撑立柱与中、下道挂座钩爪咬合紧密</td><td></td></tr>
<tr><td>5</td><td colspan="2">动力系统恢复到初始状态</td><td></td></tr>
<tr><td>6</td><td colspan="2">挂架恢复及翻板全部关闭</td><td></td></tr>
<tr><td>7</td><td colspan="2">支点位置防护恢复</td><td></td></tr>
<tr><td>8</td><td colspan="2">控制柜断电</td><td></td></tr>
<tr><td>9</td><td colspan="2">控制室锁门，禁止无关人员进入</td><td></td></tr>
<tr><td>10</td><td colspan="2">倒运挂座安装螺杆 6 根并紧固</td><td></td></tr>
<tr><td>11</td><td colspan="2">倒运挂座保证勾爪位于导轨立柱中间凹槽</td><td></td></tr>
<tr><td>12</td><td colspan="2">倒运挂座应与其他两道挂座中心线一致，且位于同一竖直面</td><td></td></tr>
<tr><td>13</td><td colspan="2">倒运挂座安装应保证背面竖直，上沿水平，无内外俯仰角、左右斜角、竖直面转角等</td><td></td></tr>
<tr><td>检查结论</td><td colspan="3">验收日期：　　年　　月　　日</td></tr>
<tr><td rowspan="2">检查签字</td><td>分包单位</td><td colspan="2">总包单位</td></tr>
<tr><td></td><td colspan="2"></td></tr>
<tr><td colspan="4">符合要求，恢复完毕。
不符合要求，继续恢复。
监理工程师签字：　　年　　月　　日</td></tr>
</table>

备注：由总包、分包单位项目技术、生产、机电、安全负责人及相关人员进行验收，验收完成后报监理单位验收。

3）验收人员

（1）总承包单位参加人员：项目负责人、技术负责人或授权委派的专业技术人员、安全负责人、材料负责人、质检员。

（2）监理单位参加人员：项目总监理工程师及专业监理工程师。

（3）建设单位参加人员：建设单位代表。

（4）分包单位参加人员：技术负责人、安全员。

4.4　顶升与管理

4.4.1　顶升操作实施

1）顶升概述

模架体系顶升作业是指在第 n 层结构施工工序完成后，模架体系由当前位置提升至第$n+1$ 层，模板及挂架等功能构件提升到指定位置的工序。就该体系而言，顶升包含了模架体系顶升准备、顶升作业、安全防护恢复、下次顶升准备几项工序。

2）顶升管理

经过造楼机项目实施及施工管理实践，总结出一套比较完善的造楼机管理方案，将与造楼机实施相关的所有单位及人员纳入管理中，制定顶升管理流程图，如图 4.26 所示，严格按照管理流程落实，把控好造楼机顶升这一重要过程。

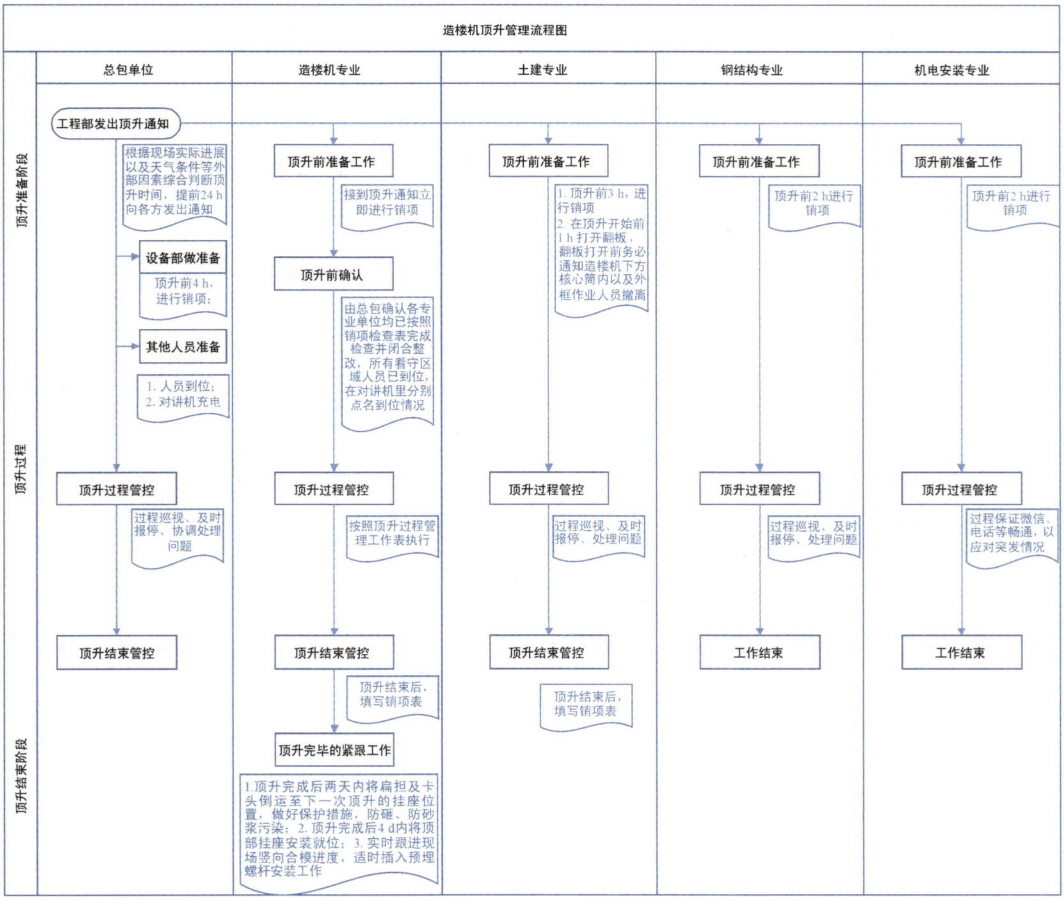

图 4.26　造楼机顶升管理流程图

3）顶升准备

造楼机顶升前，堆载不得超过设计要求，现场在相应位置应挂设限载牌，以空中造楼机为例，重型荷载限重 800 kg/m^2，中型荷载是 500 kg/m^2，轻型荷载是 350 kg/m^2。

造楼机顶升前，项目团队应组织进行顶升前检查工作销项（顶升前检查销项详见表 4.9、表 4.10、表 4.11），项目人员要做好顶升前检查销项表书面记录，然后方可开始顶升。

表 4.9 模架检查工作销项表

日期：			第 次顶升；上箱梁行程标高 ～ ，层高 m		
序号	部位		检查事项	销项签认	复查
一	土建各项	挂架	1. 挂架所有翻板全部翻起并固定（逐层检查）		
			2. 兜底防护（垃圾清理完成）翻板全部翻起		
			3. 塔吊标准节与挂架间距核查		
			4. 电梯附着处、出入口处挂架脱离		
		模板	1. 检查、清理所有穿墙螺杆，确保钢筋头不超出墙面		
			2. 大钢模全部脱离墙面，特别是阴角模，确保不影响顶升		
			3. 连梁处模板脱离墙面及固定		
			4. 连梁底模支模钢管架避开牛腿行路线，水平管无突出墙侧面		
			5. 模板吊耳与钢模的连接及吊杆、花篮螺栓安全检查无异常		
			6. 清理摘除模板支设过程中的所有辅助物件		
			7. 核实目标层内对拉螺杆套管、堵头安装完成		
			8. 复查钢结构上焊接的接驳器（如果有）定位准确，确保顶升完成后能够顺利合模		
		钢筋	1. 确保已绑扎钢筋与模板、挂架保持安全避让距离		
			2. 钢筋绑扎过程与塔吊埋件等大型埋件的避让		
			3. 钢筋各项预留预埋完成并通过各种验收		
			4. 确保钢平台顶部钢筋箍筋堆放高度不超过 90 cm，纵筋等较长的钢筋堆放高度不超过 20 cm，并且总重控制在 20 t 以内		
			5. 跨墙或梁电缆线、焊把线、气管等梳理，防止过程中拉扯		
		泵管回料管	1. 泵管与平台连接的拆除		
			2. 泵管支架的预留预埋完成并通过验收		
			3. 回料管与挂架走道脱开情况，预埋件及附墙加固完成情况		
		土建预留预埋	1. 伸缩牛腿预埋木盒埋设完成并有定位复核记录		
			2. 其他土建相关预留预埋完成并通过验收		
		测量	1. 各项定位放线已完成		
			2. 模板控制线已完成		
			3. 测量其他相关项均已完成，不影响顶升		
二	销项检查结论： 检查负责人：				
说明	正常无误的打√，有问题时打×，打×后，要在复查一栏填写是否已整改，每项检查人在销项签认栏填写				

表 4.10　模架顶升前检查工作销项表（设备）

日期：		第　次顶升：上箱梁行程标高　　～　　，层高　　m		
序号	部位	检查事项	销项签认	复查
一	设备相关	1. 临边材料归整，防止顶升时滑落		
		2. 电线、电缆、气管、气瓶整理及固定		
		3. 平台主电缆预留长度核查、处理		
		4. 其他水电管路预留长度		
		5. 模架与塔吊、施工电梯关系，安全避让距离核查无误		
		6. 布料机安全避让距离检查		
		7. 施工电梯加节到预定顶升高度，滚动附墙检查无异常		
二	液压系统	1. 确认顶升及控制系统各项正常，可以进行顶升		
		2. 油路系统表观检查		
		3. 主控制室电源检查		
		4. 控制台开机检查：开度仪、比例换向阀等是否正常		
		5. 油箱油温、油位检查		
三	销项检查结论： 检查负责人：			
说明	正常无误的打√，有问题时打×，打×后，要在复查一栏填写是否已整改，每项检查人在销项签认栏填写			

表 4.11　模架顶升前检查工作销项表（钢结构）

日期：		第　次顶升：上箱梁行程标高　　～　　，层高　　m		
序号	部位	检查事项	销项签认	复查
一	主体钢结构与模架顶升关系	1. 临边材料归整，防止顶升时滑落		
		2. 核心筒劲性钢结构栓钉、耳板与钢平台桁架间距核查、处理		
		3. 电线、电缆、气管、气瓶整理及固定		
		4. 凸出墙面的物体核查并纠正，清理摘除施工过程中的所有辅助物件，确保不影响顶升		
		5. 钢梁全部从钢平台顶部吊离		
		6. 确保各项焊接工作暂停		
		7. 钢结构相关预留预埋已完成并通过各种验收		
二	销项检查结论： 检查负责人：			
说明	正常无误的打√，有问题时打×，打×后，要在复查一栏填写是否已整改，每项检查人在销项签认栏填写			

控制室内部应先进行外观检查，确认控制旋钮的位置是否正确。为确保顶升过程安全，设计团队专门编制了《造楼机同步顶升系统操作规程》，具体内容如下：

造楼机同步顶升系统操作规程

1. 顶升准备：

1）单向自锁卡头的松卡螺母锁紧爬杆前，调节油缸活塞杆伸出长度为 30 mm。

2）巡查人员按检查表完成各项检查工作，提升操作及巡查人员准备就绪。

3）检查进线电源是否正常。控制电源正常时，开关电源和阀电指示灯亮。

4）先打开控制柜视频监控系统，进行显示情况检查，检查压力、位移是否正常。

2. 顶升操作：

1）参数设置：在触摸屏上设控制、保护和开启的各种参数。

顶升次数	15	油缸伸出行程	350 mm
回收次数	15	油缸回收行程	350 mm
纠偏启动值	3 mm	顶升速度	100～200 mm/min
纠偏复位值	10 mm		

注：表为标准层参数设置，非标准层根据顶升高度设置参数。

2）模式要求：

（1）自动控制：选择“自动模式”时，按“上升”按钮，油泵延时启动，油泵启动后，油缸伸出至设定值。按“下降”按钮，油泵延时启动，油泵启动后，油缸伸出至设定值。中途按“停止”按钮，可以将油缸停于任一高度。中途如无紧急停止，油缸将按设置行程和次数自动完成整个顶升或回收工作。

（2）手动控制：选择“手动模式”时，手动控制油缸伸缩。先启动油泵，再选择相应油缸的上升、停止、下降旋钮，控制油缸的升降。

3）手动纠偏：同步位移超过报警数值停止后，点击触摸屏上“手动纠偏”按钮，根据偏差值对油缸进行手动上升、下降纠偏操作。

3. 其他事项：

1）本系统应由经培训合格的工作人员操作。

2）顶升过程中，巡查人员随时检查顶升行程完成后钩爪是否自动进入梯档。

3）油缸上升、下降为互锁控制，当油缸正处于上升过程时，该油缸的下降操作无效，反之亦然。

4）当系统出现故障或其他紧急状态时，按“紧急停止”按钮后，系统停机。

5）当出现故障报警时，进行故障排除；故障排除后，按住“消音”按钮 3 s 以上才可消除报警。

6）紧急情况下按“急停”按钮，操作人员必须在对讲机内复述确认险情解除后方可继续操作。

7）遇 6 级以上大风天气，造楼机不得进行顶升作业。

管理人员和工人均对顶升操作规程进行深入学习，由造楼机项目人员持对讲机在操控室进行操作。同时，目光所及范围内按支点数量 1∶1 配置管理人员和工人进行支点看护（熟练后可适当减少），每个看护人员配备一部对讲机，同时配备巡视人员 1～2 人，顶升操作时避免无关人员在造楼机或楼层内停留。

顶升操作按事前制定的顶升流程进行，完成一次油缸行程后立即对所有油缸进行确认，无误后进入下一次油缸操作。前几次顶升要求管理人员进行现场旁站交底，不追求操作速度但要确保安全，后续操作熟练后可适当简化。架体顶升注意事项如下：

（1）设计预设行程为参考，实际预设行程须经过几次顶升后确认；不同编号的预设行程可能相同。

（2）顶升横梁倾斜，可通过油缸伸出或回收进行恢复，调整范围不可超过导轨立柱一个行程槽。

（3）顶升到预设行程后，挂座钩爪仍然没有进洞，一般原因为挂座钩爪处有杂物，钩爪被卡住，清理杂物后可以实现钩爪进洞。

（4）最后一次油缸伸出后，敲平中央钩爪时，若导轨立柱与中央钩爪相对偏位，可通过微调相邻支座的油缸，使钢平台略微倾斜实现中央钩爪进入导轨立柱凹槽，或在确认因导轨立柱悬挑过高而略微倾斜导致该问题时，利用千斤顶、葫芦等对导轨立柱进行复位。

（5）应急情况及处理

对造楼机所有作业人员进行撤离通道交底，明确钢平台顶面人员→挂架楼梯通道→结构楼层→楼梯撤离、外架人员→结构楼层→楼梯撤离两条撤离路线。

当顶升过程中突发停电、电控箱故障时，液压油缸会处于自锁状态（可维持一个月），现场维持顶升原状并撤离造楼机上作业人员，向厂家报告实地情况。待恢复供电后，由项目团队和机长继续操作架体顶升。

当顶升过程中突遇雷雨、暴风等极端天气时，收缩雨篷并固定，恢复防雷点与结构防雷均压环的连接，将轨道立柱调节到能被中央钩爪勾住并接触立柱挡块的状态，关闭液压系统，将模板临时紧固在剪力墙四周确保架体安全。

当液压系统出现漏油或仪表故障时，先远程联系液压厂家并初步分析原因。简单问题由项目团队指挥造楼机劳务进行处理，复杂问题由液压厂家专业技术人员现场修理，确保完全修复。

4.4.2 卡头倒运

造楼机每次顶升完后，下一次顶升前，需要倒运卡头。卡头倒运安全风险较小且不占关键线路，在下次顶升前插空完成即可。卡头倒运时相邻 3 个支点共配置 1 名管理人员＋2 名工人，在顶升过程中对各支点到位情况进行看护。

4.4.3 挂座倒运

1）预留孔复核

挂座倒运前，首先通过结构轴线对预留孔位置进行复核，左右位置误差不超过 20 mm；两道挂座高差为一个层高，上下误差不超过 5 mm；同时保证 5 个预留孔可正常使用。

2）挂座倒运

拆除挂座后端螺栓，先利用电动葫芦等将挂座倒运至结构施工最顶部楼层，再利用手动葫芦，调整挂座位置，使挂座中央钩爪放置于导轨立柱凹槽内，紧固挂座背板所有螺栓，使用可周转螺杆进行挂座安装。

3）注意事项

挂座倒运前及混凝土浇筑后，对挂座上附着的混凝土进行清理，混凝土浇筑时对挂座进行覆盖，避免混凝土遗撒在挂座上；在确定三道挂座中心位于同一垂直线的前提下，若挂座中央钩爪无法放置于导轨立柱凹槽内，须考虑导轨立柱倾斜，通过测量放线等确认导轨立柱是否偏移，若偏移则通过千斤顶等工具进行纠偏。

4.4.4 日常巡查及维护

造楼机须进行定期检查和不定期巡查，以消除使用过程中存在的安全隐患，此项工作主要由项目团队人员进行。定期对造楼机进行检查，如检查雨篷是否损坏、钢平台栏杆是否因布料机转动发生碰撞损坏、走道板是否损坏或积攒的混凝土残渣是否过多并及时安排清理、布料机是否进行日常保养打油、住宅造楼机各个支点连接件等螺丝是否有松动的情况。日常维护主要包括但不限于下列三部分。

1）支撑系统

（1）倒运挂座穿墙螺栓是否松动；

（2）倒运挂座螺栓是否松动；

（3）导轨立柱是否倾斜；

（4）各构件外观是否完好无破坏。

2）油缸动力系统

（1）油缸、油缸泵站及配套油路管线外观是否完好，无破损、无漏油；

（2）油缸上位移传感器外观是否完好，功能正常；

（3）油缸下端的节流阀等外观是否完好，无漏油。

3）安全防护系统

（1）挂架走道的临边防护是否到位，与结构周边存在大于 400 mm 间距时应设置临时锁链护栏；

（2）各层翻板是否正常翻回，翻板间的胶皮是否正常闭合及其他安全防护是否到位；

（3）造楼机防护构件是否存在破损、安装不牢固的情况。

除日常巡查外，在每次顶升前、顶升完成后，以及大风等极端天气后进行不定期检查。发现不安全情况时，由服务团队或专业厂家进行修复，并由项目团队制定措施防止不安全情况再次发生。

设立造楼机日常维护专员，每天对安全防护进行巡查检查。安全防护检查对包含平台顶部防护、挂架立面及水平防护、挂架兜底防护等防护及保护措施进行检查，以确保施工作业安全。

4.5　拆除与管理

4.5.1　拆除准备

1）技术准备

造楼机拆除前，由设计团队在专项施工方案的基础上，编制造楼机拆除专项方案。拆除专项方案包括但不限于拆除计划、拆除部署、各部件拆除方法、劳动力配置、施工机具配置、拆除安全防护措施、成品保护措施、材料转运计划等内容。造楼机拆除计划应与造楼机施工楼栋总体施工部署相适应。拆除方案须重点核实塔吊钢丝绳倍率、容绳率及实际吊重的问题，根据塔吊说明书对实际吊重进行测试，然后根据实际吊重能力编制相应拆除分段方案。拆除专项方案应在造楼机拆除前一个月内组织编制，并于造楼机拆除前一周完成拆除方案审批；未编制拆除方案或拆除方案未通过审批，不得进行拆除作业。拆除专项方案审批通过后，由设计团队向项目团队和作业班组进行技术交底，并做好书面交底记录。

2）拆除实施

造楼机总体拆除原则为：

(1) 先装后拆、后装先拆，对称拆除；

(2) 6 级以上大风、大雨、大雪、大雾等极端恶劣天气下，严禁进行拆除作业。

原则上，造楼机拆除前应根据拆除方案对拆除作业进行施工模拟分析，并对拆除过程中的危险工况采取稳固性措施。液压系统拆除前，应先释放油管内部压力，排尽油管内部留存的液压油。集成塔机、施工升降机、布料机应在造楼机主体受力结构拆除前完成拆除或受力转换，且塔机、施工升降机、布料机的拆除应符合国家现行有关标准和生产厂家的要求。

3) 拆除流程

(1) 住宅造楼机拆除

根据住宅造楼机“无损拆除”经验，按附属设施→防护系统→挂架系统→钢平台系统→立柱及挂座系统的总体顺序进行拆除，详细拆除施工流程如下：

a. 拆除铝合金模板

按照顺序及区域拆除铝合金模板，拆除流程为：将模板竖向拼缝解开→吊绳与铝合金模板挂牢→脱开模板吊杆→吊运至地面。

b. 拆除附属设施

雨篷拆除：将雨篷拆下并捆好→吊绳与捆绳挂牢→吊离至地面。

布料机拆除：将布料机按照说明书分解→利用塔吊钢丝绳逐块吊运→地面装箱保存。

液压控制系统拆除：拆除控制电路管线→拆除油管并封闭阀口→电线、油管打包并吊运至地面→泵站吊运至地面→控制柜吊运至地面。

钢平台顶部防护系统拆除：设置护身钢丝绳→拆除内立面防护栏杆→拆除外立面防护网片→栏杆和网片吊运至地面→拆除走道板并吊运至地面。

c. 造楼机加固

为应对挂架吊点转换及钢平台整体拆散后的内部应力释放，在支点部位将门架柱与结构楼层进行临时拉结加固，以保证拆除过程中造楼机的稳固。具体做法为结构外墙最后一次混凝土浇筑前，在墙顶预埋带锚脚钢板。外墙拆模后，采用 40 mm 方管将造楼机立柱与预埋件进行焊接加固，做法如图 4.27 所示。

d. 拆除防护系统和挂架系统

内挂架拆除流程：挂架清理（走道板、踢脚板、立面防护安全绳全面清理）→自上向下逐层拆除挂架走道板、防护网以及最下一步翻板（留最下一步走道板）→逐排拆除挂架立杆（挂架立杆顶部吊点与吊杆脱离）→将走道板、防护网及立杆集中堆放在楼层并集中吊离。

外挂架拆除流程：挂架清理（走道板、踢脚板、立面防护安全绳全面清理）→按照四跨一组将相邻走道板割断→分组挂牢吊绳→由葫芦吊点向塔吊吊点转换→塔吊吊至地面进行拆解，如图 4.28 所示。

图 4.27　门架柱临时加固实景

图 4.28　外挂架拆除

e. 拆除钢平台外圈桁架

在塔吊计算吊重允许范围内，外圈桁架按顺时针或逆时针顺序进行逐一拆除。

f. 拆除钢平台内侧桁架

钢平台杆件断开主要采用散拆方式，拆除基本原则为：在拆除区域内保持对称拆除；先拆单榀桁架，再拆双榀桁架。

g. 拆除支撑系统

先将支撑立柱下的动力包拆除，集中堆放在楼层，然后将支撑立柱整体吊运至堆场，进行拆散、分类，最后拆除挂座，至此住宅造楼机的所有构件拆除完毕。

（2）空中造楼机

①挂架拆除方法

挂架间采用螺栓连接，拆除挂架时将螺栓卸下。拆除挂架跨度较大时，可设置加固支撑防止下挠。吊点设置在挂架框架上，首先将所需分段的挂架走道龙骨断开，使其成为独立挂架，然后采用四根钢丝绳将第一步挂架两端走道板内外侧与吊杆连接位置进行栓固，利用塔吊将挂架吊至指定堆场解体。具体过程如图 4.29 至图 4.34 所示。

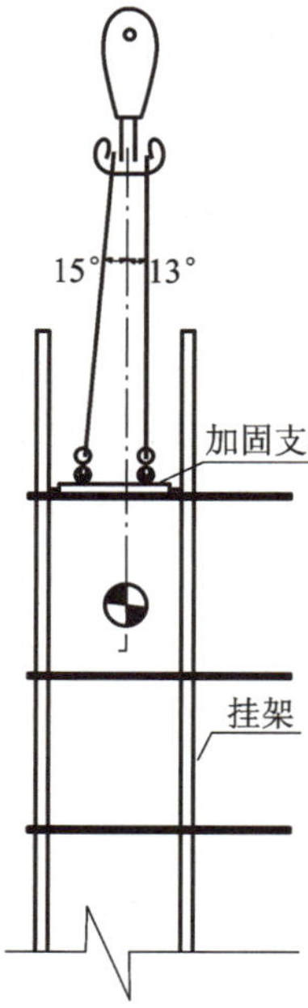

图 4.29　吊装立面图一

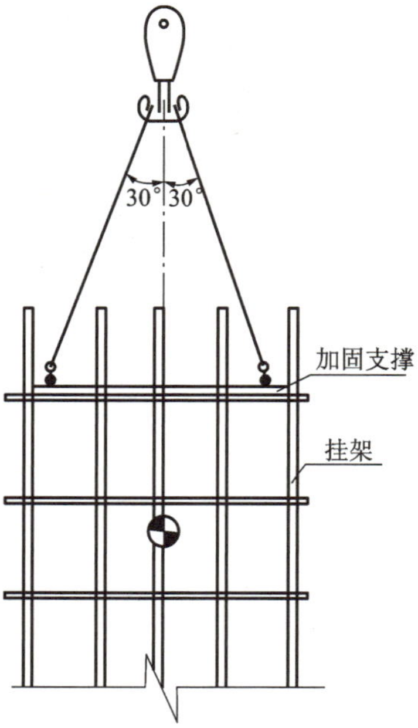

图 4.30　吊装立面图二

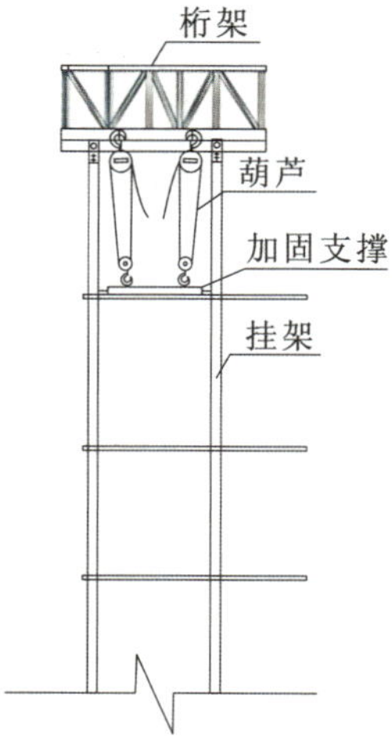

图 4.31　第一步：挂设倒链

图 4.32　第二步：吊杆拆除，塔吊挂钩

②钢平台拆除操作方法

钢平台的拆除严格按照分区进行，先拆除角部区域桁架，然后拆除周边区域桁架，最后拆除中间区域桁架。中间区域先拆除贝雷片，然后拆除焊接桁架。

图 4.33　第三步：松倒链，提吊钩

图 4.34　第四步：倒链完全松解

单元构件应按：拉设保险绳→塔吊挂钩→桁架下弦退销轴→桁架上弦退销轴→架体分离、拆解安全绳的顺序进行拆除，如图 4.35 至图 4.38 所示。其中施工人员在保留部分内侧进行操作。

拆除时，在桁架保留部分设置钢丝保险绳。

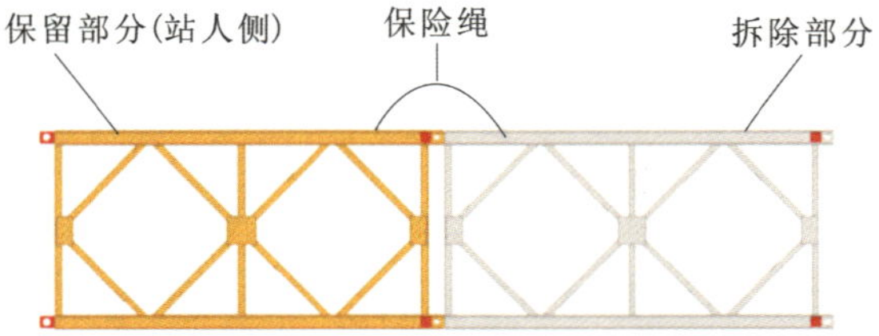

图 4.35　第一步：拉设保险绳

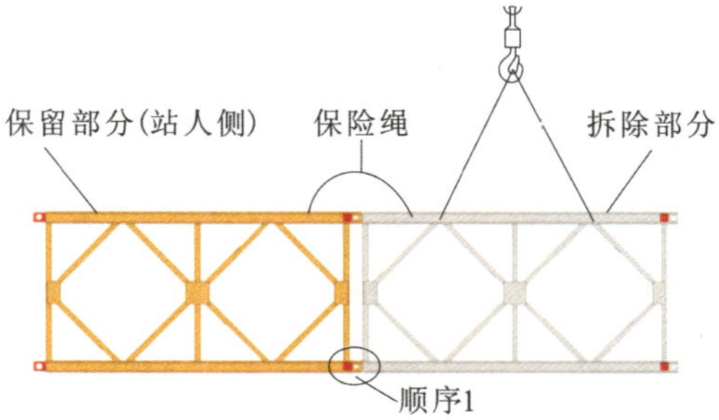

图 4.36　第二步：挂设吊点、桁架下弦退销轴

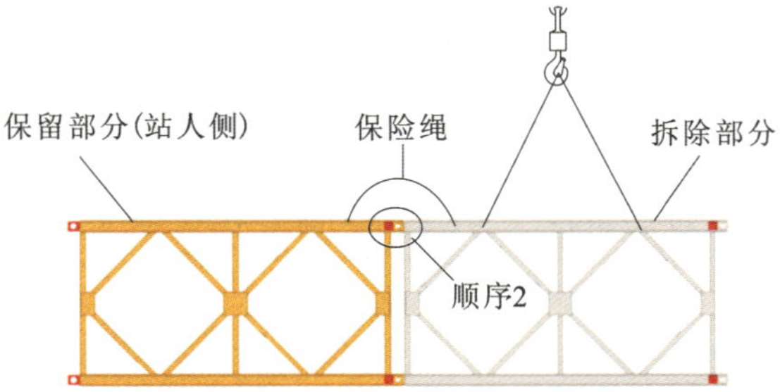

图 4.37　第三步：桁架上弦退销轴

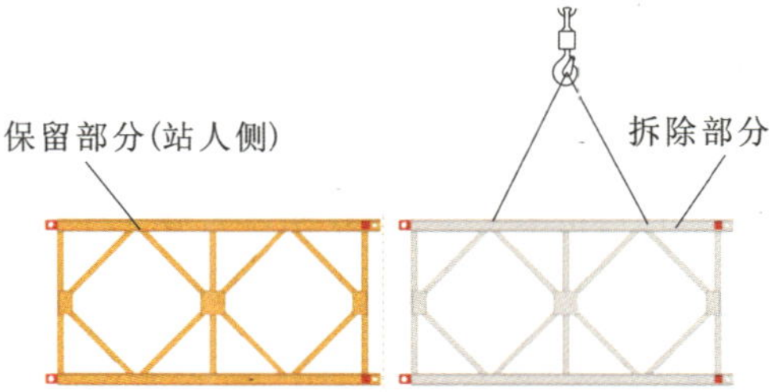

图 4.38　第四步：架体分离、拆解保险绳

吊点选择及布置：

a. 单个构件布置 2 个吊点；

b. 组合单元布置 4 个吊点；

c. 吊点设置在桁架“个”字节点处；

d. 吊点分别设在距构件两端 $L/4$ 处；

e. 钢丝绳夹角在 45°～60°之间。

单榀桁架和双榀桁架吊点设置如图 4.39 和图 4.40 所示。

图 4.39 单榀桁架吊点设置实景

图 4.40 双榀桁架吊点设置实景

③液压系统拆除

a. 拆除内容

拆除内容包括机房、电控柜、电线电缆等。拆除后清理钢平台、挂架上各类附属物，包括钢结构设备箱、建筑垃圾、防护栏杆等。

b. 拆除注意事项

电路系统拆除包括机房内控制系统电路，监控系统电路，各种控制阀块用电电路，其他用电电路。按照先室内，后室外，先强电，后弱电的原则拆除，并将各类电线分类存放。

液压控制系统拆除前，保证各油缸锁死并封闭，主油缸活塞杆应全部回收到油缸内。各支点油缸必须锁死，防止在拆除管路时，油缸活塞杆的位置变化。

④支撑立柱、油缸拆除

a. 油缸、顶升横梁拆除原则

先拆除爬杆，再拆除顶升横梁，待解除连接后拆除支撑立柱（油缸在支撑立柱内腔中），待导轨拆除吊运至地面后，在地面拆除油缸。

b. 立柱拆除

每根支撑立柱总质量约为 3.5 t。根据塔吊起重性能，可以整体吊运。

⑤拆除注意事项

造楼机拆除阶段的注意事项详见表 4.12。

表 4.12　拆除注意事项表

序号	拆除对象	内容
1	挂架	①内挂架须从上向下逐层拆除走道板及立面防护网，最后拆除立杆； ②走道板及防护网成捆码放于钢平台后，分批次吊离； ③为方便拆除，内挂架立杆可在吊架梁下方与吊点螺栓解除连接，后用挂绳吊至平台顶成捆吊离； ④外围挂架分段须满足塔吊吊重要求； ⑤分段位置尽量选在两构件连接点处，尽量避免破坏构件； ⑥分段形状尽量规则，吊点易于选取； ⑦外围挂架宜以四跨走道板为一组进行吊离
2	钢平台	①注意 H 型钢桁架切割拆除时的防火措施； ②桁架解除或即将解除约束时，人员必须远离桁架
3	支撑系统	①在吊运支撑立柱时，过程应缓慢进行； ②拆除支撑立柱前须先对爬杆与顶升横梁进行拆除

4.5.2　拆除实施

1）技术措施

（1）高处作业的施工负责人应对工程的高处作业安全技术负责，并建立相应的责任制。施工前，应进行安全技术教育及交底，落实所有安全技术措施和人身防护用品，未经落实时不得进行施工。

（2）高处作业中的设施、设备，必须在施工前进行检查，确认其完好，方能投入使用。安全带必须使用双扣安全带，在施工过程中两条安全带须全部扣紧，在移动过程中至少有一条安全带须扣紧。

（3）凡参加高处作业的人员应进行健康检查。经医生诊断患有不宜从事高处作业病症的人员不得参加高处作业。

（4）施工中，发现高处作业的安全技术设施有缺陷和隐患时，必须及时解决；危及人身安全时，必须停止作业。

（5）施工作业场所有可能坠落的物件，应一律先进行撤除或加以固定。高处作业中所有的物料，均应堆放平稳，不妨碍通行和装卸。随手用工具应放在工具袋内。传递物件时禁止抛掷。

（6）遇有 5 级及以上大风或恶劣气候时，应停止露天高处作业。

（7）高处作业人员佩带工具袋，工具放在工具袋中，不得放在易失落的地方，所有手工工具（如手锤、管钳、撬棍）应穿上绳子系在安全带或手腕上，防止失落伤及他人。传递物品时，严禁抛掷。

（8）登高安装桁架时，作业人员将安全带挂钩挂在已安装的桁架杆件上，从一个网格到下一个网格时，两根挂钩交替使用。当进入到作业位置时，将两根挂钩就近全部挂在桁架杆件上。

（9）特殊高处作业应与地面设联系信号或通信装置并由专人负责。

2）拆除作业实施

由管理人员旁站，造楼机作业人员进行架体拆除。拆除过程中作业人员佩戴好安全防护用品，系好安全带，按既定顺序进行拆除施工。拆除过程对塔吊需求量大，建议塔吊只提供给造楼机拆除使用。

拆除人员4人一组，楼顶和地面至少各设一组，每组相对独立，组内人员分工配合。拆除构件设2个吊点或4个吊点并用钢丝绳起吊，保证构件重心平稳，时常对钢丝绳磨损情况进行检查，断丝或磨损不符合要求时及时进行更换。构件与结构即将脱离时，构件上严禁站人，错误案例如图4.41所示。

图4.41 构件拆除错误警示案例

地面设管理人员指挥堆放，挂架落地前需要大片场地进行平放，然后由一组工人进行拆散作业，拆散后归类码放整齐并进行打包。

4.5.3 地面拆解

施工现场清理出不少于1000 m^2 专用场地，用于周转堆放造楼机拆除的材料，项目团队安排不少于6人的工作组对地面材料进行拆分并整理。大片构件如挂架从高空拆除吊至地面后，立即安排工人对构件进行拆分并腾出场地供下一吊构件堆放。

项目团队安排专人对地面拆除工作进行指挥，对于支撑及动力系统、钢平台系统的构件拆分，现场须另外配备一台 25 t 汽车吊辅助拆除及堆码。现场配备好喷漆、钢卷尺、打包带和专用工具，将拆分材料进行分类、分规格标识并打包堆码工整，适时安排运输车辆进行转运。

4.5.4　构件退场

造楼机实施合同中包含材料清理、打包及装车等工作内容，除最长构件——轨道立柱，须用到 12 m 长运输车外，其他构件均采用常规货车进行运输。拆除构件和材料清理打包完成后，按不同系统分类进行装车和运输，装车时采用布带钢丝绳起吊，并注意每吊材料底部应设置木方垫木，预留装卸钢丝绳的底部空间，每车材料注意搭配堆码，尽量填满、整齐。

提前联系好用于堆放造楼机材料的堆场，将造楼机材料运输至指定堆场存储。堆放场地应有遮风避雨设施，减缓材料生锈腐蚀速度，对于主要受力构件等要定期进行打油保养；对于周转应用的材料，须提前进行维修翻新，保证外观质量。

4.6　实施效果

4.6.1　工序集成

造楼机内部可以为钢结构安装、钢筋绑扎、模板施工、混凝土浇筑及混凝土养护修补等提供安全可靠的作业面，形成安全可靠的立体交叉作业，如图 4.42 所示。

4.6.2　工艺标准化

1）标准化工艺流程

打造一套基于造楼机施工技术的标准化工艺流程，指导现场实施，如图 4.43 所示。

2）固化施工流水

造楼机施工条件下，对其各项施工步骤进行固化，如图 4.44 所示，可以提升工效 20%以上。经过某工程 H 的应用，统计出造楼机在模板工、钢筋工、混凝土工人数需求方面均低于传统爬模所需数量（表 4.13）；在工期方面每层可节约 1～2 d；在安防措施费用方面节约 50%；在节约塔吊工时、单层提升用时方面均有明显优势。

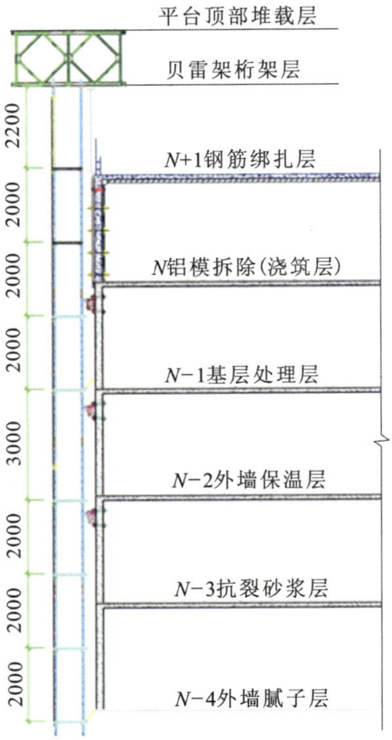

图 4.42 造楼机内部立体交叉作业示意图

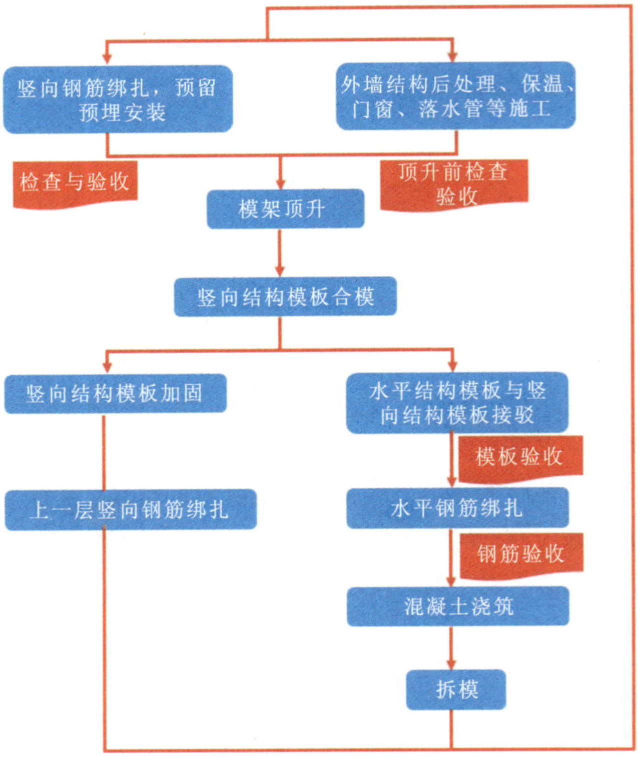

图 4.43 造楼机标准化工艺流程图

表 4.13 某工程 H 单层施工造楼机与传统施工方法对比表

单层施工（以某工程 H 为例）								
施工方法	模板工人数	架子工人数	钢筋工人数	混凝土工人数	工期/d	安防措施费用/千	可节约塔吊工时/h	整层架体提升用时/h
传统方法	16	5	18	12	7	6	4	8
造楼机	10	5	15	8	5～6	3	8	1.5

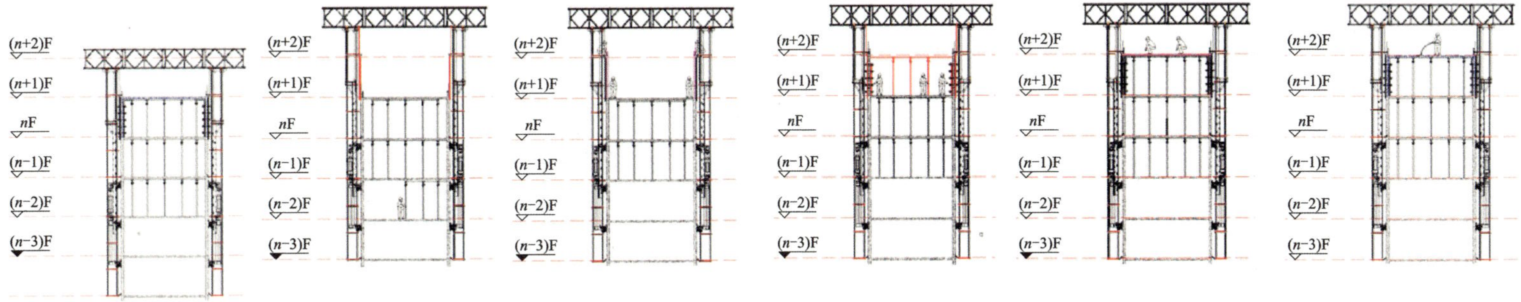

状态一：初始状态
工作内容：n层顶板、n层竖向混凝土浇筑完成

状态二：模架顶升
工作内容：模架顶升一个楼层

状态三：n+1层竖向施工
工作内容：n+1层竖向钢筋绑扎，预留预埋，n−1层外墙结构清理及修补、落水管支架施工，n−2层内墙结构清理及修补，n−3层门窗、栏杆等施工

状态四：n+1层水平板施工
工作内容：n+1层竖向合模，顶板支模、钢筋绑扎，预留预埋，n−1层外墙结构清理及修补、落水管支架施工，n−2层内墙结构清理及修补，n−3层门窗、栏杆等施工

状态五：n+1层浇筑
工作内容：n+1层竖向及顶板浇筑混凝土

图 4.44　造楼机施工流水示意图

第 5 章

造楼机实施资料管理

5.1 资料管理内容

5.1.1 编制资料的目的

编制造楼机资料的目的：

（1）产品介绍：详细介绍造楼机的功能特点、优势和适用范围，让用户了解造楼机的价值和用途。

（2）安装指南：提供造楼机的安装步骤、操作界面介绍、功能设置等，指导用户正确、高效地安装造楼机。

（3）数据管理：介绍造楼机的数据管理功能，包括数据存储、共享、备份等，帮助用户管理和利用施工作业相关数据。

（4）资源调度：介绍造楼机的资源调度功能，包括设备、人力等资源的分配和优化，提高施工效率和资源利用率。

（5）安全管理：说明造楼机如何辅助进行施工安全管理，包括安全风险评估、安全事故记录、安全培训等，提高施工作业的安全性。

（6）服务支持：介绍造楼机的售后服务政策、技术支持、培训服务等，给用户提供支持和帮助。

5.1.2 资料的分类和定义

根据用途和结构特点，造楼机资料分类及定义如下：

（1）技术资料类

①结构设计资料：包括造楼机的结构设计图纸、构件安装说明、荷载计算表等，用于指导造楼机的安装和使用。

②材料规格清单：包括造楼机所需材料的规格、数量、质量标准等，用于采购和实施过程中的准备。

③安全评估报告：包括造楼机安全性能的评估报告，用于确保实施过程中的安全。

（2）操作与维护资料类

①操作手册：包括造楼机的操作说明、使用方法、调整步骤等，指导用户正确操作造楼机。

②维护保养手册：包括造楼机的定期维护保养方法、常见故障处理、润滑保养要点等，用于延长设备的使用寿命。

③技术培训资料：包括对操作人员进行造楼机使用培训的资料和用于提升操作人员技能的培训课件、视频教程等。

（3）实施管理资料类

①实施方案：包括造楼机在实施过程中的应用方案、安装步骤、拆卸流程等，用于指导实施操作。

②质量验收记录：包括造楼机的安装验收记录、质量检查记录等，用于记录和评估设备安装质量。

5.2 实施前期资料管理

5.2.1 实施前期资料管理的目的

实施前期资料管理对于保障造楼机合规性、实施安全、质量控制、进度计划、沟通协调顺畅等方面都具有重要意义，是确保造楼机施工顺利进行和成功完工的关键因素之一。实施前期资料管理的目的具体表现为：

（1）合规性要求：造楼机实施前期资料包括设计图纸、安装图纸、实施图纸、合同文件、审批手续等，这些资料的管理对于确保造楼机的合规性和合法性非常重要。合理管理这些资料可以确保造楼机项目符合法律法规和相关标准要求，避免违法违规行为发生。

（2）实施安全保障：实施前期资料中包含了实施计划、安全方案、现场布置图等关键信息，良好的资料管理可以确保各项安全措施得以贯彻执行，降低实施事故的发生概率，保障实施人员和现场设备的安全。

（3）质量控制与监督：实施前期资料中记录了造楼机的设计要求、质量标准、验收条件等内容，通过细致地管理这些资料，可以有效控制实施过程中的质量风险，提高工程质量，确保工程顺利完成并达到设计要求。

（4）进度计划与控制：实施前期资料中的进度计划、进度表等是指导实施进度的重要依据，良好的资料管理可以帮助项目团队合理规划实施进度，及时调整实施计划，保证造楼机按时交付使用。

（5）沟通协调和信息共享：实施前期资料不仅是项目团队内部沟通协作的重要工具，也是各方进行有效沟通的基础。通过有效地管理这些资料，可以促进信息共享和沟通协调，提高项目整体效率和协作水平。

5.2.2 最终设计图纸审批

设计团队对各系统实施图和加工图进行核对并调整，各系统厂家图纸经厂家盖章确认后，按统一编号要求进行整理，然后由设计团队发起最终设计图纸审批流程（图5.1)，最终公司审批完成后在设计图纸上加盖公司公章。本阶段图纸为最终版本，可供商务结算及存档使用。

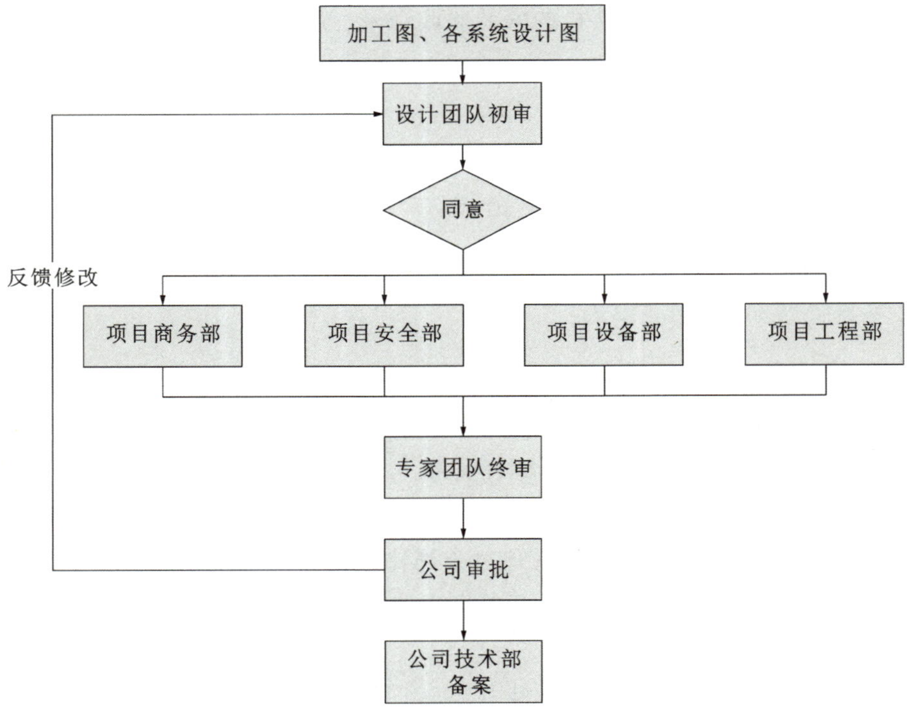

图 5.1 最终设计图纸审批流程图

5.2.3 实施方案编审、专家论证及交底

总体实施方案的编制在招标图纸确定后启动，由设计团队根据“住宅造楼机总体

实施方案目录”完成，方案总编制时间通常不少于 15 d。方案编制过程中，设计团队须全面了解各系统情况及交叉联系，进行总体把关和协调。

住宅造楼机总体实施方案目录

1 工程概况
  1.1 工程概况和特点
  1.2 施工平面布置
  1.3 实施要求和技术保证条件
2 编制依据
  2.1 相关法律、法规、规范性文件、标准、规范
  2.2 实施图设计文件
  2.3 实施组织设计
3 实施计划
  3.1 实施进度计划
  3.2 材料与设备计划
  3.3 劳动力计划
4 实施工艺技术
  4.1 技术参数
  4.2 工艺流程
  4.3 实施方法
  4.4 操作要求
  4.5 检查要求
5 实施安全保证措施
  5.1 组织保障措施
  5.2 技术措施
  5.3 监测监控措施
6 实施管理及作业人员配备和分工
  6.1 实施管理人员
  6.2 专职安全生产管理人员
  6.3 特种作业人员
  6.4 其他作业人员
7 验收要求
  7.1 验收标准
  7.2 验收程序

7.3 验收内容

8 应急处置措施

8.1 应急管理组织架构图

8.2 应急救援工作的组织

8.3 应急准备

8.4 突发事件及风险预防措施

9 计算书及相关实施图纸

9.1 贝雷架平台部分

9.2 液压动力部分

9.3 挂架计算

9.4 模板计算

总体实施方案编制完成后，按当地安监站要求组织专家论证，专家论证通过后，再按项目部审批流程和企业审批流程进行报批。按各方意见进行实施方案修改，在修改过程中可以向设计团队进行咨询，完成修改后完善方案审批闭环手续。

造楼机正式安装前，须结合现场实际对总体实施方案进行细化，编制吊装专项方案。专项方案中再次复核塔吊或汽车吊实际起吊能力、构件实际堆场等，实行单吊吊重最大、安装效率最高、支点顶部悬挑长度最小等措施，并对安装顺序、人员安排等进行细化。总体安装顺序为：同一支点部位的中、下道挂座安装→轨道立柱的吊装→立柱顶面安装并调平→钢桁架平台的吊装→挂架、模板、液压系统、平台顶防护及布料机的安装→雨篷系统安装。

吊装专项方案完成后编制技术交底，组织1次或1次以上的有造楼机劳务、项目主体劳务、管理人员等参加的正式交底会议，向现场实施人员进行书面交底。书面交底资料包括方案、技术交底及安装图纸等，安装图纸应细化至每一步工序，确保现场人员能准确理解并执行。

5.3 实施过程资料管理

5.3.1 实施过程资料管理的目的

通过对造楼机实施过程资料的有效管理，可以提升项目管理水平，降低工程风险，确保工程顺利完成，同时也为未来类似工程提供宝贵的经验教训和参考。因此，实施过程资料管理是保障工程质量、安全和进度的重要手段和措施。实施过程资料管理的目的具体表现为：

（1）确保实施过程的合规性。通过对实施过程资料的管理，可以确保实施活动符合相关法律法规、工程规范和合同约定，避免违规行为的发生，保障工程建设的合法性和可持续性。

（2）保障实施质量。实施过程资料记录了工程设计要求、实施方案、质量检测报告等关键信息，有效管理这些资料可以帮助实施人员进行质量控制和监督，确保工程质量符合标准和要求。

（3）控制实施进度。实施过程资料中包含了工程进度计划、实施日志、进度变更记录等信息，通过管理这些资料，可以及时调整实施计划，合理安排资源，保证工程按时交付。

（4）促进实施安全管理。实施过程资料记录了安全计划、事故报告、安全检查记录等内容，良好的资料管理有助于提升实施安全管理水平，减少事故的发生，保障实施人员和现场设施的安全。

（5）支持沟通协调和决策分析。实施过程资料是各方在项目中进行沟通交流和决策分析的重要依据，有效管理这些资料可以促进各方之间的信息共享和沟通协作，有利于项目的顺利推进。

5.3.2　构配件进场资料

根据安装部署和现场堆场条件提前制订分类分批进场计划，进场计划须同时考虑构件路途运输时间和市区限行等情况。挂座、支撑立柱及钢平台材料先行进场，构件进场前一天通知项目物资管理部门，进场时须提供材料检验报告及产品检测报告、质量证明书等，由项目部物资管理部门按规定进行验收并及时存档。

5.3.3　安装验收资料

造楼机的验收分三次进行，第一次为整体安装完成后、首次顶升前的验收，主要进行检查销项、消除安全隐患，详见造楼机顶升前检查销项表（表 5.1）；第二次为首次顶升完成后、正常使用前的验收，详见造楼机顶升后验收表（表 5.2）；第三次为挂架系统及顶面荷载完全施加完成后的验收，每次验收由项目经理组织各方人员进行，详见造楼机项目和公司最终验收表（表 5.3）、造楼机项目和监理最终验收表（表 5.4）。

表 5.1　造楼机顶升前检查销项表

<table>
<tr><th colspan="5">模架顶升前检查工作销项表（安全部）</th></tr>
<tr><td colspan="2">日期：</td><td colspan="3">第____次顶升；行程标高____～____m，层高______m</td></tr>
<tr><th>序号</th><th>项目</th><th>检查事项</th><th>销项签认</th><th>复查</th></tr>
<tr><td rowspan="8">一</td><td rowspan="7">钢平台、挂架及模板</td><td>1. 贝雷片钢平台连接完整，与立柱顶端连接牢固</td><td></td><td></td></tr>
<tr><td>2. 钢平台顶面走道板禁止材料堆载，顶面载料平台堆载不超过 500 kg/m²</td><td></td><td></td></tr>
<tr><td>3. 最底部挂座部位混凝土强度等级达到设计要求</td><td></td><td></td></tr>
<tr><td>4. 挂架材料堆放整齐，无斜靠竖向外侧网片，确保顶升过程中无滑落，螺杆、螺丝不能散装堆放在钢丝网走道板上</td><td></td><td></td></tr>
<tr><td>5. 挂架走道板与墙体的间距是否足够（200 mm 以上）</td><td></td><td></td></tr>
<tr><td>6. 挂架所有翻板全部翻起并固定（逐层检查）</td><td></td><td></td></tr>
<tr><td>7. 悬挂模板与墙体完全脱开后与挂架吊杆进行临时固定</td><td></td><td></td></tr>
<tr><td>报表管理</td><td>8. 提前督促安全部门、工程部门、机电部门、技术部门、机长完成各自的顶升前检查工作销项表并签字，完成顶升前检查验收表报监理</td><td></td><td></td></tr>
<tr><td>二</td><td colspan="4">销项检查结论：
检查负责人：</td></tr>
<tr><td>说明</td><td colspan="4">正常无误的打√，有问题时打×，打×后，要在复查一栏填写是否已整改，每项检查人在销项签认栏填写</td></tr>
<tr><th colspan="5">模架顶升前检查工作销项表（工程部）</th></tr>
<tr><td colspan="2">日期：</td><td colspan="3">第____次顶升；行程标高____～____m，层高______m</td></tr>
<tr><th>序号</th><th>项目</th><th>检查事项</th><th>销项签认</th><th>复查</th></tr>
<tr><td rowspan="7">一</td><td rowspan="5">挂架及模板</td><td>1. 复核新拆模部位挂座穿墙螺杆，爬锥位置是否准确</td><td></td><td></td></tr>
<tr><td>2. 挂架走道及外立面网片上混凝土残渣是否及时清理</td><td></td><td></td></tr>
<tr><td>3. 模板吊环与吊挂模板连接处螺丝为顶部一颗、底部两颗，并连接牢固，无松动</td><td></td><td></td></tr>
<tr><td>4. 主体劳务的跨墙或跨梁电缆线、焊把线、气管等梳理，防止过程中拉扯</td><td></td><td></td></tr>
<tr><td>5. 钢筋绑扎区域的预埋件及其他任何突出墙面的物体核查位置并纠正，绑扎过程中的所有辅助物件已清理或拆除</td><td></td><td></td></tr>
<tr><td rowspan="2">组织管理</td><td>6. 安排并组织造楼机管理人员、劳务班组顶升工人就位</td><td></td><td></td></tr>
<tr><td>7. 管理人员发放对讲机，安排各组人员就位</td><td></td><td></td></tr>
<tr><td>二</td><td colspan="4">销项检查结论：
检查负责人：</td></tr>
<tr><td>说明</td><td colspan="4">正常无误的打√，有问题时打×，打×后，要在复查一栏填写是否已整改，每项检查人在销项签认栏填写</td></tr>
</table>

续表 5.1

模架顶升前检查工作销项表（机电部）				
日期：		第____次顶升；行程标高____～____m，层高______m		
序号	项目	检查事项	销项签认	复查
一	设备、水管、电线相关	1. 主线缆的供电、二级配电箱、开关箱电线、电缆的检查，控制柜的接线检查		
		2. 贝雷片内部水电管线整理及固定		
		3. 平台主电缆预留长度核查、处理		
		4. 其他水电管路预留长度		
		5. 挂架与施工电梯关系，安全避让距离核查无误		
		6. 布料机泵管与水平管连接处拆除		
		7. 塔吊标准节围护平台与挂架位置关系的检查		
		8. 电梯附着处、出入口处挂架脱离		
		9. 升降装置的液压油管与电线呈自然下垂，无刮碰		
二	销项检查结论： 检查负责人：			
说明	正常无误的打√，有问题时打×，打×后，要在复查一栏填写是否已整改，每项检查人在销项签认栏填写			

模架顶升前检查工作销项表（造楼机劳务）				
日期：		第______次顶升；行程标高____～____m，层高______m		
序号	项目	检查事项	销项签认	复查
一	支撑系统（16 个支点位置）	1. 附墙挂座 M42 螺栓上排不少于 2 颗，下排不少于 1 颗且旋紧		
		2. 轨道立柱与挂座位置关系是否正确		
		3. 确认轨道立柱上行路线上无障碍，如无遗留螺杆、混凝土的突起等		
		4. 立柱顶升过程中附墙挂座中央钩爪能够自由翻转，并水平插入轨道立柱中		
		5. 挂座的左右导向轮均安装完整，轨道立柱的翼缘位于导向轮之间		
		6. 模板下口(最顶部)挂座安装完毕,限位导向轮装置良好		
		7. 导轨立柱窗格、挂座、钩爪挂板无杂物,位移计装置良好		
二	销项检查结论： 检查负责人：			
说明	正常无误的打√，有问题时打×，打×后，要在复查一栏填写是否已整改，每项检查人在销项签认栏填写			

续表 5.1

模架顶升前检查工作销项表（机长）				
日期：		第____次顶升；行程标高____～____m，层高______m		
序号	项目	检查事项	销项签认	复查
一	液压控制系统	1. 整体升降式采用电动液压设备，应启动灵敏，运转可靠，旋转方向正确；控制柜工作正常，功能齐备		
		2. 同步顶升控制系统情况良好，显示正常，设置油缸同步顶升位移偏差不超过 20 mm		
		3. 主控制室电控柜、监控仪器检查无异常		
		4. 油箱油温、油位检查，油路系统表观检查，是否存在漏油情况		
		5. 顶升操作管理人员的就位情况确认		
二	销项检查结论： 检查负责人：			
说明	正常无误的打√，有问题时打×，打×后，要在复查一栏填写是否已整改，每项检查人在销项签认栏填写			

表 5.2 造楼机顶升后验收表

第　次顶升	顶升楼层：　层～　层		年　月　日
工程名称			
总包单位		项目经理	
监理单位		项目总监	
运维单位		项目负责人	
序号	验收内容与要求		检查结果
1	复测导轨立柱标高、垂直度和轴线位置		
2	接高柱处于竖直状态，无倾斜，接高柱与导轨立柱对接节点螺栓检查		
3	钢平台连接完整，与接高柱连接紧固情况		
4	支撑立柱、导轨立柱梯档与中部挂座钩爪咬合紧密		
5	动力系统恢复到初始状态		
6	挂架断开处恢复及所有翻板全部关闭		
7	支点位置洞口防护恢复		
8	检查每个挂座、卡头防污染保护措施恢复情况		
9	控制柜断电、钥匙收回，控制室断电、锁门，禁止无关人员进入		
10	挂座应保证背面竖直，上沿水平，无内外俯仰角、左右斜角、竖直面转角等		
检查结论	验收日期：　年　月　日		
检查签字	分包单位	总包单位	
□符合要求，同意顶升 □不符合要求，不同意顶升 监理工程师签字：　年　月　日			
备注：由总包、分包单位项目技术、生产、机电、安全负责人及相关人员进行验收，验收完成后报监理单位验收			

表 5.3　造楼机项目和公司最终验收表

工程名称			验收日期	
平台概况			验收单位	
序号	验收内容		验收要求	检查结果
1	总体条件	设计图纸、方案审批、技术交底	图纸准确，手续完备，可操作性强；内容齐全，通过专家论证、公司及监理审批、符合规定；绘制了交底图纸，内容齐全，能指导安装，可操作	
2	支撑系统	附墙挂座、轨道立柱等	挂座安装前后有测量数据，挂座水平、竖向偏位均不大于 20 mm；挂座固定螺栓数量满足要求（上排不少于 2 根，下排不少于 1 根），拧紧无缝隙；中央钩爪起降灵活，弹簧复位准确	
3	液压顶升系统	电控系统、油缸、油管、泵站、油箱	电线、油管布置有效附着，管路畅通，预留动作长度；油缸同步性满足规范要求，伸缩灵活、无漏油，已做好外露活塞杆的防护；油箱内油量充足，油体纯度满足使用要求；泵站固定牢靠，电机完好；位移传感器完好无损，数据准确，已做好防护；液压顶升系统单点、联动调试完成，仪表数据显示正常	
4	钢平台系统	贝雷架、连接件、顶部铺板、顶部防护	贝雷架焊缝饱满、无裂痕，销轴连接紧密、保险插销无缺失，跨中下挠变形不大于 50 mm；钢平台各立柱顶部高差不大于 40 mm；阴阳头连接件螺栓拧紧；顶部铺板固定妥当，缝隙不大于 50 mm；顶部外、内防护栏杆分别不低于 1.8 m、1.05 m，固定可靠	
5	挂架系统	悬挑梁、吊头、吊杆、走道板、防护网、翻板、内部通道、下挂通道	悬挑梁固定牢固、无扭曲变形；吊杆安装竖直，螺丝拧紧；吊杆连接节点螺栓完整，全部拧紧，杆身无扭曲变形；水平走道板安装完整，无翘曲变形；立面网片防护间隙不大于 50 mm，螺栓连接牢固、无扭曲、无破损；翻板可自由翻动，连接销轴完好，能斜靠外墙；内部通道临边口已按照要求设置铁链防护；挂架上下通道、内部通道畅通，楼梯口临边防护到位，四周封闭	
6	模板系统	花篮螺栓、吊杆、铝模板、背楞	吊杆圆钢直径不小于 16 mm，花篮螺栓承载力不小于 1 t；模板不设 K 板，挂座部位开口不影响最上道挂座安装；吊杆倾斜不超过 30°，并调紧连接；铝模板拼缝严密，U 形卡吊环直径不小于 14 mm；大模板区域背楞与面板固定牢固	
7	临水、临电	用水、用电线路及设施	施工用水布局合理，喷淋系统可正常开启，消防水管及消火栓布设到位；动力系统独立二级箱、预留顶升电缆长度、开关箱引线符合规范，夜间照明灯带满足要求	
8	操作事项	操作方法、操作人员、安全警戒、荷载堆放	按方案、交底和操作规程进行现场操作，采用对讲机进行沟通；对新上岗人员进行培训，固定岗位人员；安装、顶升、拆除要专人监护；钢平台顶部不集中堆放，堆放荷载不超过设计荷载，挂架翻板不堆放材料	

续表 5.3

项目验收表的签字人员				
检查结论				
检查人签字（签字栏）	总包单位		分包单位	
验收人（验收意见签字栏）	总指挥	□同意□不同意	项目安全总监	□同意□不同意
	项目建造总监	□同意□不同意	项目技术总监	□同意□不同意
	项目经理	□同意□不同意	日期	
核验人（核验意见签字栏）	公司设备部	□同意□不同意	公司安全部	□同意□不同意
	公司技术部	□同意□不同意	公司工程部	□同意□不同意
	公司安全总监	□同意□不同意	公司生产经理	□同意□不同意
	公司总工	□同意□不同意	日期	

表 5.4　造楼机项目和监理最终验收表

工程名称			验收日期	
平台概况			验收单位	
序号	验收内容		验收要求	检查结果
1	总体条件	设计图纸、方案审批、技术交底	图纸准确，手续完备，可操作性强；内容齐全，通过专家论证、公司及监理审批，符合规定；绘制了交底图纸，内容齐全，能指导安装，可操作	
2	支撑系统	附墙挂座、轨道立柱等	挂座安装前后有测量数据，挂座水平、竖向偏位均不大于 20 mm；挂座固定螺栓数量满足要求（上排不少于 2 根，下排不少于 1 根），拧紧无缝隙；中央钩爪起降灵活，弹簧复位准确	
3	液压顶升系统	电控系统、油缸、油管、泵站、油箱	电线、油管布置有效附着，管路畅通，预留动作长度；油缸同步性满足规范要求，伸缩灵活、无漏油，已做好外露活塞杆的防护；油箱内油量充足，油体纯度满足使用要求；泵站固定牢靠，电机完好；位移传感器完好无损，数据准确，已做好防护；液压顶升系统单点、联动调试完成，仪表数据显示正常	
4	钢平台系统	贝雷架、连接件、顶部铺板、顶部防护	贝雷架焊缝饱满、无裂痕，销轴连接紧密、保险插销无缺失，跨中下挠变形不大于 50 mm；钢平台各立柱顶部高差不大于 40 mm；阴阳头连接件螺栓拧紧；顶部铺板固定妥当，缝隙不大于 50 mm；顶部外、内防护栏杆分别不低于 1.8 m、1.05 m，固定可靠	

续表 5.4

<table>
<tr><th>序号</th><th colspan="2">验收内容</th><th>验收要求</th><th>检查结果</th></tr>
<tr><td>5</td><td>挂架系统</td><td>悬挑梁、吊头、吊杆、走道板、防护网、翻板、内部通道、下挂通道</td><td>悬挑梁固定牢固、无扭曲变形；吊杆安装竖直，螺丝拧紧；吊杆连接节点螺栓完整，全部拧紧，杆身无扭曲变形；水平走道板安装完整，无翘曲变形；立面网片防护间隙不大于 50 mm，螺栓连接牢固、无扭曲、无破损；翻板可自由翻动，连接销轴完好，能斜靠外墙；内部通道临边口已按照要求设置铁链防护；挂架上下通道、内部通道畅通，楼梯口临边防护到位，四周封闭</td><td></td></tr>
<tr><td>6</td><td>模板系统</td><td>花篮螺栓、吊杆、铝模板、背楞</td><td>吊杆圆钢直径不小于 16 mm，花篮螺栓承载力不小于 1 t；模板不设 K 板，挂座部位开口不影响最上道挂座安装；吊杆倾斜不超过 30°，并调紧连接；铝模板拼缝严密，U 形卡吊环直径不小于 14 mm；大模板区域背楞与面板固定牢固</td><td></td></tr>
<tr><td>7</td><td>临水、临电</td><td>用水、用电线路及设施</td><td>施工用水布局合理，喷淋系统可正常开启，消防水管及消火栓布设到位；动力系统独立二级箱、预留顶升电缆长度、开关箱引线符合规范，夜间照明灯带满足要求</td><td></td></tr>
<tr><td>8</td><td>操作事项</td><td>操作方法、操作人员、安全警戒、荷载堆放</td><td>按方案、交底和操作规程进行现场操作，采用对讲机进行沟通；对新上岗人员进行培训，固定岗位人员；安装、顶升、拆除要专人监护；钢平台顶部不集中堆放，堆放荷载不超过设计荷载，挂架翻板不堆放材料</td><td></td></tr>
<tr><td colspan="5">项目验收表的签字人员</td></tr>
<tr><td colspan="2">检查结论</td><td colspan="3"></td></tr>
<tr><td colspan="2" rowspan="2">检查人签字
（签字栏）</td><td colspan="2">总包单位</td><td>分包单位</td></tr>
<tr><td colspan="2"></td><td></td></tr>
<tr><td colspan="2">监理意见</td><td colspan="3">符合要求，同意使用（ ）　　不符合要求，不同意使用（ ）
总监理工程师（签字）
年　月　日</td></tr>
<tr><td colspan="5">备注：由总包和分包单位项目负责人、项目技术负责人、专项实施方案编制人员、项目专职安全生产管理人员及相关人员进行验收</td></tr>
<tr><td colspan="5">原因说明：《危险性较大的分部分项工程安全管理规定》第二十一条　对于按照规定需要验收的危大工程，施工单位、监理单位应当组织相关人员进行验收。验收合格的，经施工单位项目技术负责人及总监理工程师签字确认后，方可进入下一道工序</td></tr>
</table>

5.3.4　过程管理资料

造楼机顶升过程中应严格如实记录相关数据和情况，如顶升时间、顶升高度、过程中发生状况等，详见造楼机顶升记录表（表 5.5）。记录目的包括：

（1）安全监控。帮助监测造楼机顶升的实时情况，确保操作过程中没有发生异常或危险情况。一旦出现问题或异常，记录可以作为事故调查和责任追究的重要依据。

（2）质量控制。通过记录造楼机顶升过程，可以检查机械设备、工具和材料的使用情况，确保造楼机顶升操作符合设计规范和标准要求，从而保障建筑结构的质量和安全性。

（3）进度管理。帮助控制工程进度，及时了解造楼机顶升操作的完成情况，预测工程完成时间，及时调整实施计划，确保工程按时交付。

（4）交流沟通。造楼机顶升过程的记录可以作为沟通交流的工具，帮助各相关方了解工程进展情况和问题，促进实施团队之间的沟通和协作，提高工作效率。

（5）经验总结。通过记录和整理造楼机顶升过程资料，可以积累工程实践经验，总结操作规范和最佳实践，为以后类似工程提供参考和借鉴，提升实施水平和质量管理水平。

表 5.5 造楼机顶升记录表

项目名称			总包单位		
施工楼栋			分包/安拆		
提升部位			总指挥		
开始时间			结束时间		
提升次数	开始时间	结束时间	支出高度	回落高度	备注
第一次					
第二次					
第三次					
第四次					
第五次					
第六次					
第七次					
第八次					
第九次					
第十次					
第十一次					
第十二次					
第十三次					
第十四次					
第十五次					
总提升高度					

第 6 章

造楼机的常见问题及处理措施

6.1 制造阶段

6.1.1 材料加工尺寸存在误差，影响安装进度

问题描述：造楼机钢平台系统中的型钢桁架、导轨立柱尺寸较长，在加工厂焊接、改制阶段可能存在垂直度与平整度误差，拼装后尺寸与设计尺寸不符。

解决措施：超长超高的钢构件在加工阶段，项目部须定期对构件的尺寸及平整度、垂直度进行检查复核，对于主要受力构件应在加工厂进行预拼装。

6.1.2 构件材料油漆喷涂质量较差

问题描述：材料表面喷涂油漆后未晾干就装车发货，材料到达现场后会出现漆面开裂、返锈等问题，表面观感较差。

解决措施：合理控制材料装车时间，做好成品保护，对于已出现的漆面开裂问题，铲除已经开裂的油漆，并采用与构件所用颜色、品质相同的油漆重新粉刷即可。

6.1.3 构件材料未按照现场需求发货

问题描述：造楼机材料型号规格较多，易出现多种材料混合装车发货情况，部分到场的材料因未到安装工序节点不能安装，占据了堆场和拼装场地。

解决措施：提前确认安装方案，根据安装工序对加工厂下达发货清单，标注好发货顺序及预计发货日期，提前一周告知现场所需材料，并要求加工厂在装货之前提供发货清单，项目部根据现场实际安装进度，对照清单进行材料比对，确保下一阶段安装材料全部到位，保证现场安装工作顺利进行。

6.2 安装阶段

6.2.1 钢平台系统安装

问题描述：焊接桁架的拼装变形问题。采用焊接桁架时，焊接桁架自身容易产生面外变形，并且连接节点多，实际拼装后，对角尺寸偏差与理论数值相差较大，并且导致钢平台与立柱连接困难（图 6.1）。

图 6.1 焊接桁架拼装

解决措施：

（1）可在焊接桁架预拼阶段设计增加临时支撑，保证拼装尺寸准确。

（2）对于已经拼装完成的构件，须在吊装前依照图纸，检查对角线位置距离，如已经变形，须在构件对角线位置安装手拉葫芦，调整构件对角线距离，待调整到与图纸设计值相同时方可继续吊装。

6.2.2 挂架系统安装

问题 1 描述：造楼机安装一般与主体结构地下室顶板施工同时进行，现场预拼装导致有效使用面积较少，而造楼机外挂架分块拼装长度为 16～18 m，宽度约为 6 m，仍需要 600～800 m^2 的拼装场地。造楼机的安装堆场与主体结构的周转材料堆场，钢结构的钢骨柱、钢梁堆场相互冲突。施工现场有限的堆场面积导致无法实现整体拼装及吊装。

解决措施：

在拼装前绘制挂架拼装平面布置图。根据当前阶段施工总平面布置图，模拟分块后挂架的摆放位置及方向，合理分配有限的场地。

问题 2 描述：造楼机安装预拼需要使用塔吊配合，塔吊使用需求会与主体结构施工、钢结构吊装安装施工相冲突，导致塔吊运力不足，无法满足现场的安装进度，造成一定程度的窝工、停工。

解决措施：

（1）根据总进度计划找出关键路线，合理规划塔吊使用时间，将塔吊工作时间分为上午、下午、晚上三个阶段，不同单位在不同阶段使用塔吊，保证施工合理有序地进行。

（2）如出现项目工期紧张，可考虑租赁汽车吊，根据具体吊重申请汽车吊使用型号，临时增加现场垂直运输机械，保障现场施工要求。

问题 3 描述：采用自攻螺丝固定走道板与走道龙骨时，自攻螺丝打穿走道板后，电动扳手容易发生停机的情况，很难再打穿走道龙骨，造成走道板与走道龙骨固定不到位的情况时常发生。

解决措施：在挂架走道板安装阶段，可在平整地面画线，提前在走道板既定位置开设螺栓孔，固定走道板时可直接穿过螺栓孔在走道龙骨上安装自攻螺丝。

问题 4 描述：为了满足项目主体施工过程中的安全需要，在造楼机的设计中，挂架通常平行于主体结构外轮廓线，但有一些建筑结构外轮廓线为弧形，挂架在地面预拼定位时相较直线挂架更加困难，安装难度加大（图 6.2）。

图 6.2　弧形挂架拼装及安装

解决措施：

根据挂架的安装特点，采用方格网定位法，在干净平整的地面画出标记线，在走道龙骨上提前画出吊杆连杆的位置，用记号笔标记好，再依次安装龙骨连接件、吊杆和吊杆连杆。依照图纸安装完成后，再次检查设计尺寸，如有偏差则对安装螺丝的位置进行微调，确认与设计尺寸一致后再次紧固。

6.2.3 附属系统安装阶段

问题描述：布料机在实际浇筑过程中，随着混凝土的泵送，泵管会带动布料机及整个钢平台桁架一起振动，长期振动容易导致钢平台的连接螺栓松动，存在安全隐患。

解决措施：

(1) 在安装布料机时，可在钢平台与布料机支腿连接位置增设减振措施，例如橡胶垫、减振弹簧等，避免硬接触，减小钢平台振动幅度（图 6.3）。

图 6.3 布料机减振措施

(2) 在策划泵管的楼板预留位置时，首先考虑在预留泵管洞位置进行塞缝处理，减少泵管的振动，其次可在浇筑层泵管转弯处搭设灯笼架，使其将力传到结构楼板上，进而减少架体的晃动。

6.3 应用阶段

6.3.1 顶升前检查

造楼机构件与钢结构冲突（图 6.4）。

问题描述：造楼机的设计一般早于主体结构钢结构深化图出图，现场施工时会出现造楼机与劲性柱冲突的情况。

图 6.4　造楼机构件与钢结构冲突

解决措施：

(1) 在设计方案确定好后，及时与钢结构深化单位沟通，向其提供造楼机钢平台设计图纸，明确每个吊料洞口的尺寸，建议钢结构深化单位根据图纸优化劲性柱上预埋件或劲性梁牛腿伸出长度，保证现场顺利施工。

(2) 如遇钢结构吊装后与造楼机非受力构件发生冲突碰撞，影响顶升时可先拆除部分平台顶部防护栏杆及走道板，待顶升完毕后，立即恢复，方可继续作业。

6.3.2　顶升过程阶段

问题 1 描述：在造楼机顶升过程中，单个支点在控制端显示位移计失效，在操作台按下同步按键后，控制柜报错，显示同步系统超差，进而导致控制系统中同步顶升程序无法操作。

解决措施：

(1) 在顶升过程中，发生单个支点位移计故障，先判断是否为线路问题，如果是普通的信号线断开，或者位移传感器拉绳断裂，须重新连接信号线或更换新的位移传感器，方可继续同步顶升。

（2）如判断为位移传感器出现问题，在保证安全的情况下，可选用手动模式，在位移计损坏位置的立柱处安排专人旁站，保证其他架体支出高度相对平均。如发现某个支点顶升速度过快，可暂时关闭该支点的顶升，待其他支点与该支点支出高度相同时，打开开关，继续手动同步支出油缸完成顶升。

问题2描述：造楼机的爬升装置长期暴露在现场施工环境中，在混凝土浇筑过程中，容易发生坠落的混凝土砂浆和建筑垃圾污染爬升装置中卡头的情况（图6.5），导致卡头的握裹力达不到给支座提供的反力。

图6.5 卡头内部被砂浆污染

解决措施：做好爬升装置的覆盖保护，避免受到外部影响，同时定期做好卡头的清洗保养。

6.3.3 顶升后检查及恢复

问题1描述：造楼机顶升结束之后，发现一侧挂架离墙间距过小，另一侧挂架离墙间距过大，操作架体空间有限，导致铝模无法正常施工。

解决措施：

在设计时可根据离墙间距设计可滑动扶墙支架，防止挂架顶升时受力不均匀，发生不均匀位移。挂架可通过扶墙支架把力传递给结构，保持挂架整体的离墙间距。

问题2描述：铝模深化人员不理解挂架走道板与模板的安装关系，仍按照以往经验设计模板加固方案，导致挂架走道板与模板背楞在同一高度，造成模板对拉螺杆施工不便。

解决措施：造楼机设计人员应与模板深化设计人员进行充分沟通，在构造设计方面进行规避。

6.4　拆除阶段

6.4.1　液压系统拆除

问题描述：在造楼机液压系统的拆除过程中，液压油管易被污染导致无法周转使用。

解决措施：针对液压油管的拆除，可事先准备好塑料薄膜和扎带，在油管接头处包裹保护。

6.4.2　挂架系统拆除

问题描述：造楼机拆除过程中，挂架材料中如龙骨连接件、模板滑轮、吊杆滑轮等小型零星材料种类繁多，且利用现场材料打包整理不便。

解决措施：拆除挂架前制定好拆除流程，在拆除前期将打包编织袋、定制打包铁箱运送到现场，将挂架零散材料有序堆码在定制铁箱里面。小型龙骨连接件、网片连接件、螺丝等可用钢丝穿好，放置在打包编织袋里面并做好标识。

6.4.3　附属设施拆除

问题描述：拆除电缆线及信号线时，由于造楼机立柱支点到控制室距离不同，对应安装的线路也长短不一，拆除时需要把管线卷曲打包，周转至下个项目使用时则无法根据外观分辨长度。

解决措施：在拆除打包时，采用透明胶带将标有线路长度、型号和支点位置等信息的标签粘在材料上，方便库房保存及周转使用。

第 7 章

造楼机应用案例

7.1 西安浐灞国宸府项目

西安浐灞国宸府项目位于西安浐灞生态区北辰大道以东，浐灞二路以南。总建筑面积为 62597.45 m^2，其中地上总建筑面积为 48032.13 m^2，包含建筑单体为 1＃、2＃楼，各单体地上 46 层，建筑高度 138.07 m，为钢筋与混凝土组合剪力墙结构。地下总建筑面积为 14565.32 m^2，工程造价 3.4 亿元，本项目 2＃楼采用住宅造楼机进行建造，实景图见图 7.1。

图 7.1 西安浐灞国宸府项目实景图

该栋楼结构平面为左右对称，支点按照外墙外圈布置，该建筑结构具有东西方向跨度较大、平面内凹/外凸的地方较多、景观阳台及飘窗悬挑结构多等特点。经过综合分析，该造楼机采用 11 个支承点位布置。

钢平台设计时应避开竖向剪力墙，以不影响竖向墙体施工为首要原则。结构平面设计为十字形，平面尺寸长轴 35.5 m×短轴 22.5 m，钢平台沿结构外墙布置贝雷架，为挂架及模板的悬挂提供载体。钢平台顶部布置一台布料机供混凝土浇筑使用，贝雷架平台与结构平面综合平面图如图 7.2 所示。

图 7.2　造楼机贝雷架平台与结构平面综合平面图

造楼机立面设计以标准层（层高 3.0 m）为基本参考，综合考虑塔吊爬升节奏、门洞高度、施工便利等因素。建筑外围挂架（外挂架）设计高度 17.3 m，跨越 5.5 个标准层，共设置 8 步走道（图 7.3）。钢平台顶部外围周边设置封闭式防护屏。按照 4 d/标准层进行施工组织，从上向下作业面依次为主体结构施工、拆模及养护施工、结构打磨修补施工、外墙砌体及落水管施工、外墙保温施工 。

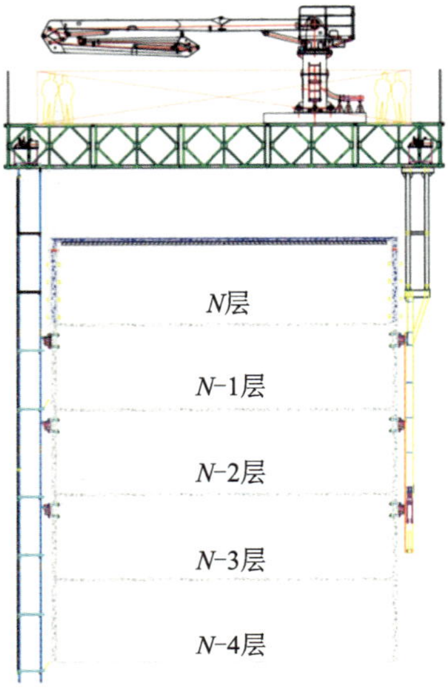

标准作业时间/d	外立面施工工序
4	主体结构施工、一次预埋
4	墙柱拆模、结构养护
4	打磨、螺杆洞封堵
4	外墙砌体及落水管施工
4	外墙保温施工

图 7.3　造楼机立面施工组织示意图

采用住宅造楼机施工，可缩短主体施工工期，提升现场施工效率，节约大型设备租赁费用及管理费用，并且采用井道施工电梯，节约了后期洞口填补措施费及现场文明施工费，其中安装期间节约时间 8 d，节约费用约××万元，节约安防措施费××万，主体采用该造楼机施工平均 4 d/层，与传统施工方法相比每层节约 1 d 工期，节约工期共计 43 d。每层可节约大型设备租赁费××万元，节约项目管理费及现场文明施工费××万元，墙体开洞、封堵每层平均节约××万元，综上每层施工节约费用××万元，产生经济效益共计××万元。

7.2　兰州保利天汇项目

兰州保利天汇项目位于兰州市七里河区西北物资市场，西侧紧邻河湾堡东街，南侧紧邻西津西路，北侧为兰石用地，东侧为甘肃商业储运股份有限公司。总建筑面积约 26.6 万 m^2，地上建筑面积约 20.6 万 m^2，地下建筑面积约 6.0 万 m^2，工程造价 4.6 亿。其中南地块由 14 栋高层住宅（楼层 17～33 层）、1 栋 24 层写字办公楼、3 栋独立商业楼及地下车库、附属商业楼组成。12＃楼地上 33 层（不含屋面层、机房层），地下 1 层，地上 1 层层高为 2.96 m，2～32 标准层层高为 2.95 m，33 层层高为 3.06 m。标高 5.90 m（3F）处存在 200 mm 宽外墙建筑线条（后做），单层建筑面积 460 m^2。12＃楼采用住宅造楼机进行建造，见图 7.4。

图 7.4　兰州保利天汇项目实景图

使用住宅造楼机，在安装期间节约时间 8 天，节约费用约××万元，节约安防措施费××万，主体采用该造楼机施工与采用普通爬模相比节约工期 1 天/层，共计节约 33 天。每层可节约现场设备租赁费用××万元，节约项目管理费用及现场文明施工费××万元，墙体开洞、封堵每层平均节约××万元，平均每层施工节约费用××万元，共节约××万元。采用造楼机配合屋面及花架施工，节约钢管架搭设费用××万元，总计产生效益××万元。

通过在该项目中应用造楼机，得到一套适用于造楼机的精益建造穿插管理模型，并且针对造楼机，形成了一套管理流程，分工明确，职责清晰，为后续施工提供参考。并以造楼机为基础，完成工法、专利、论文等科技成果 5 项，组织申报了甘肃省科技进步奖及甘肃省科技攻关项目。

7.3　宿州市城市棚户区改造工程人民路 6＃地安置区（五一花园）工程总承包（EPC）项目

宿州市城市棚户区改造工程人民路 6＃地安置区（五一花园）工程总承包（EPC）项目位于宿州市胜利路以南，大运河遗址以北，凤凰假日小区以东，新桥小区以西。地上部分包含建筑单体为 1＃～9＃楼、1＃～2＃综合楼及幼儿园，各单体地上有 2～26 层，建筑高度最高 82.1 m。总建筑面积为 138816.61 m^2，其中地上总建筑面积为 109960.25 m^2，地下总建筑面积为 28856.36 m^2，车库为框架结构，主楼为剪力墙结构，合同工期 810 天，其中设计工期 90 天，施工工期 720 天。4＃楼采用住宅造楼机进行建造，该栋楼地上 26 层，地下 1 层，屋面层顶标高 76.8 m，架构层最高 82.1 m，地上 1～2 层层高为 3.6 m，标准层层高为 2.9 m。标准层单层建筑面积约 525 m^2，长边方向最大跨度为 39.2 m，短边方向最大跨度为 18.3 m，墙体厚度为 200 mm，见图 7.5。

图 7.5　宿州市城市棚户区改造项目实景图

本项目由于结构长边跨度较大、形状不规则等因素，经综合考虑，智能顶升模架采用 10 个支点布置，各支点设计均为 50 吨级支撑系统，具体支点位置布置见图 7.6。

本项目在智能顶升模架贝雷架平台设计时基本避开竖向剪力墙，不影响竖向墙体施工。根据结构平面，钢平台适用墙体造型，总面积约 525 m^2，采用单榀贝雷片＋双榀贝雷片的组合形式，钢平台沿结构外侧布置贝雷桁架，为挂架及模板的悬挂提供支撑。钢平台与结构平面综合平面图见图 7.7。

智能顶升模架立面设计以标准层（层高 2.90 m）为基本参考，综合考虑塔吊爬升节奏、门洞高度、施工便利等因素。结构外围挂架（外挂架）设计高度为 17.5 m，跨越 5.5 个标准层，共设置 8 步走道，第四步、第八步为花纹钢板封闭走道并设置靠墙翻板。智能顶升模架典型立面图见图 7.8。

项目应用住宅造楼机，将“百米高空”的作业平台，优化成为一个全防护的“空中车间”。通过采用“铝模＋住宅造楼机”模式，全面推行室内外工序快速穿插，加快工序衔接与搭接。造楼机融合各类施工装备与材料堆场于一体，集成滑动布料机、自动消防水炮、遮阳雨篷、喷雾降温等功能，可多工序集成式同步施工，可实现防雨控温，降低气候影响；常态化施工达到 4 至 5 天一个结构层，实现提前封顶，预计可为项目创造综合效益××万元。

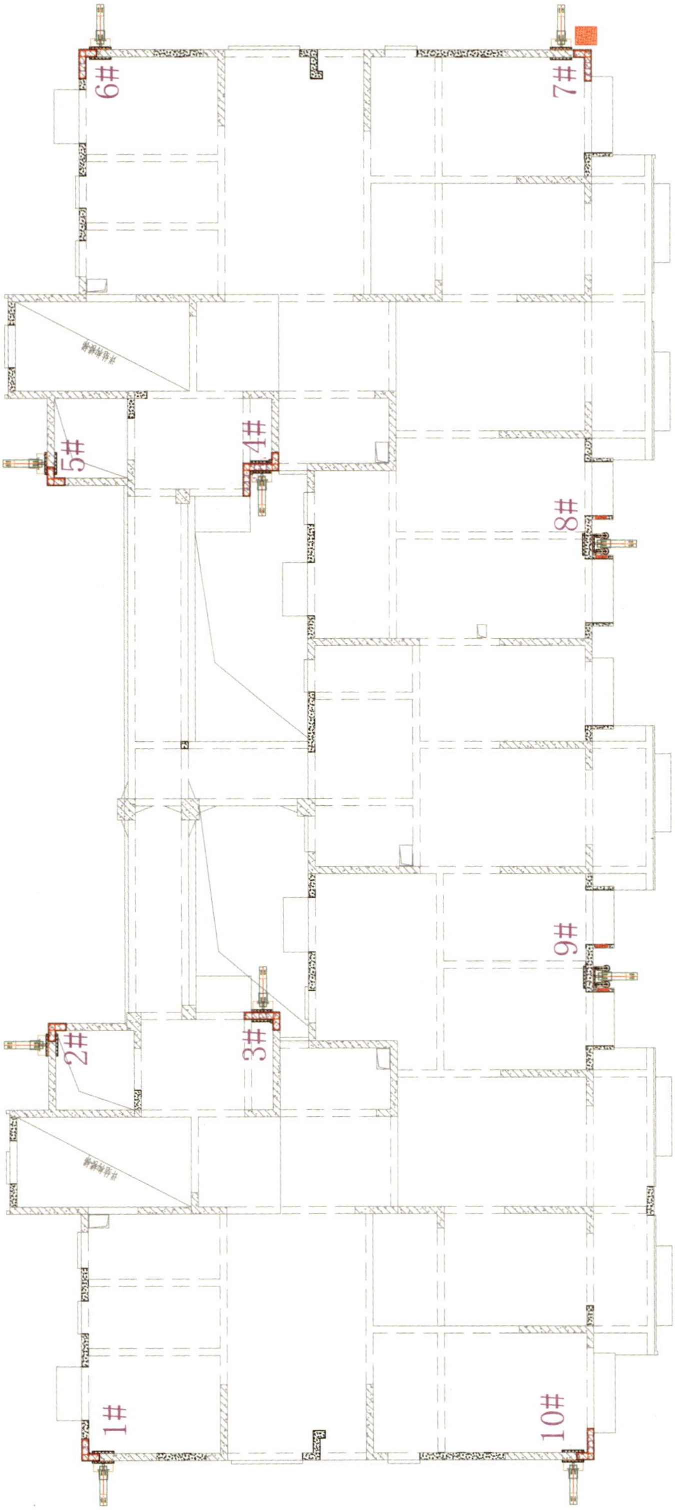

图 7.6　智能顶升模架支点位置平面图

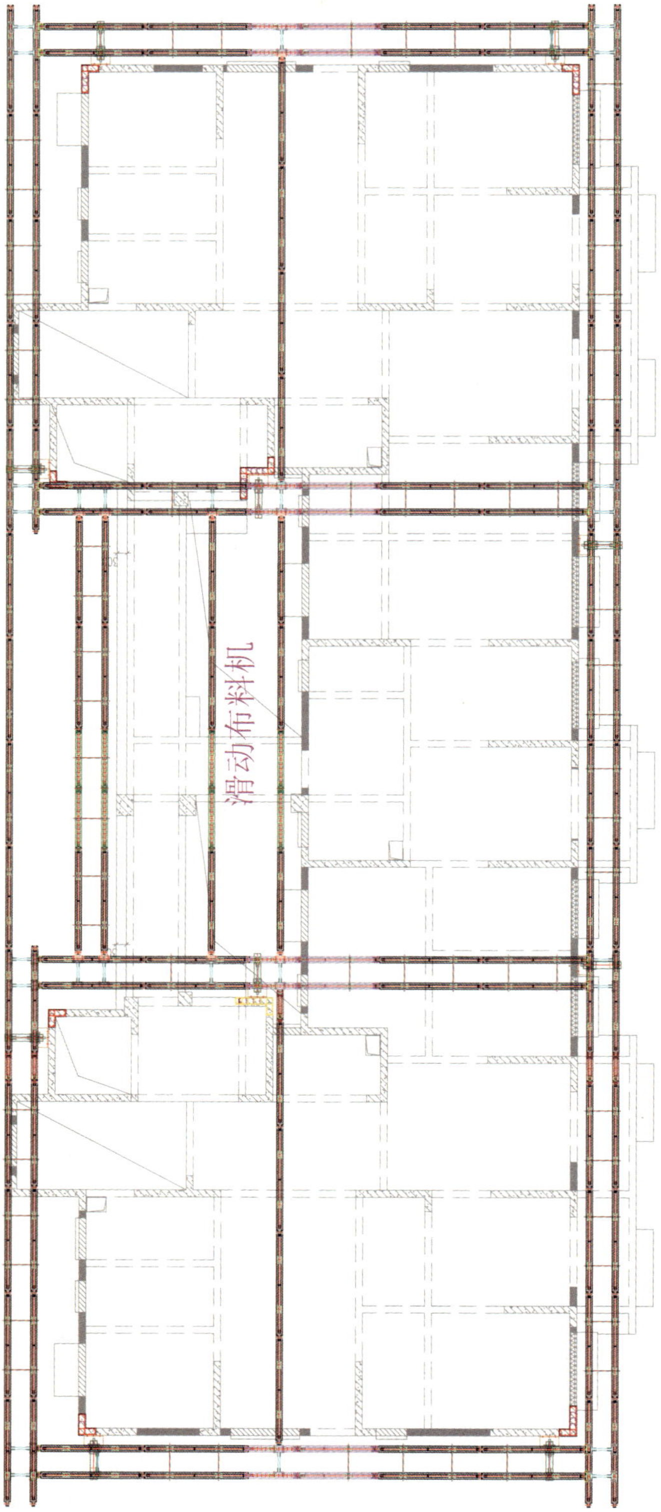

图 7.7 钢平台与结构平面综合平面图(一)

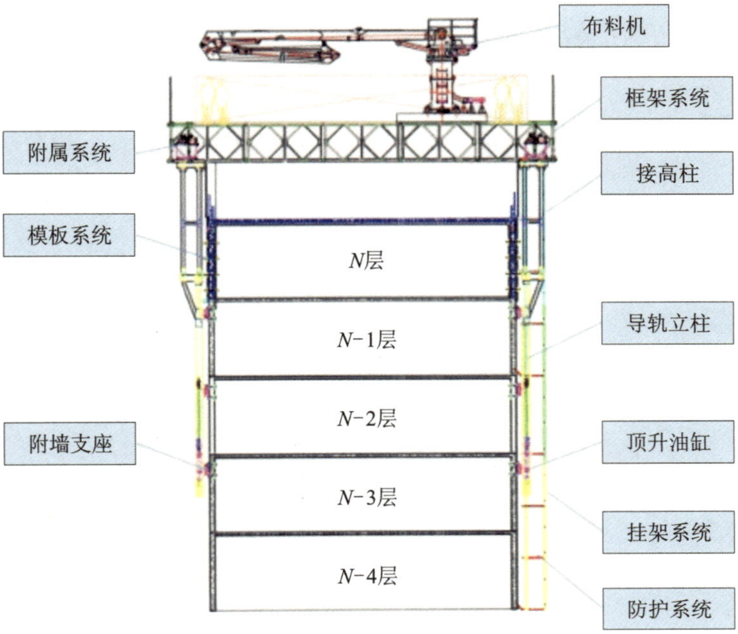

图 7.8　智能顶升模架典型立面图（一）

7.4　武汉泰康金融中心项目

武汉泰康金融中心项目（图 7.9）位于湖北省武汉市汉口二七商务区第 22 号地块，总建筑面积 266700 m^2，其中地上建筑面积 217200 m^2，地下总建筑面积 49500 m^2。建筑高度最高 270.8 m，结构高度最高 243.3 m，地上单体最多 53 层，地下单体最多 3 层，基础埋深最深 18.00 m。上部结构分为 T1、T2、T3 共计 3 座单塔（各塔楼上有将近 30 m 的塔冠），单塔均采用单侧弧形钢框架-钢筋混凝土核心筒结构。T3 塔楼主要功能为酒店及办公，地上 50 层，建筑主屋面高度 229.2 m，塔冠高度 261.70 m。3 座单塔通过三道连桥连接为连体结构，连桥分别位于第 17 层、第 28 层以及第 39 层。T3 塔楼核心筒主体结构采用空中造楼机进行建造。

T3 塔楼核心筒为钢与混凝土组合剪力墙结构。核心筒标准层单层建筑面积 412 m^2。长边方向最大跨度约 39.11 m，短边方向最大跨度约 12.82 m。核心筒墙体内最多分布有 30 余根劲性柱，墙体厚度为 300～800 mm，并且随楼层上升，墙体分布及截面均有变化。造楼机所涉及施工楼层为 F1～F50。由于 F25 核心筒墙体较其下方楼层核心筒墙体发生较大收变，造楼机为适应变化，在 F25 施工时，将收变区域上方的钢平台及附属挂架和模板拆除，剩余 ZD1＃至 ZD7＃共 7 个支撑点支撑整个平台，待 F25 施工完成后再进行下一次顶升。具体支点位置布置见图 7.10 和图 7.11。

图 7.9 武汉泰康金融中心项目实景图

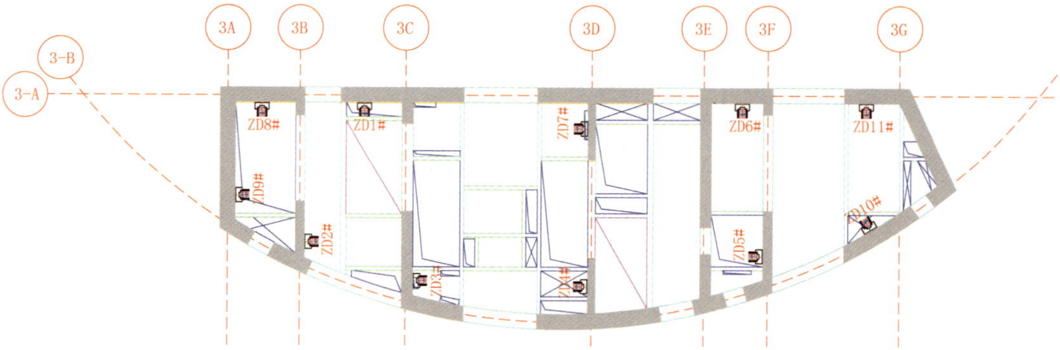

图 7.10 智能顶升模架 F1～F24 支点位置平面图

本项目造楼机钢平台采用焊接钢桁架＋单榀贝雷片＋双榀贝雷片的组合形式，钢平台沿核心筒外侧布置贝雷桁架，为挂架及模板的悬挂提供支撑。钢平台与结构平面综合平面图见图 7.12。

本工程智能顶升模架典型立面图见图 7.13。

通过空中造楼机的实施，截至目前，节约安防成本××万元，节约工期产生的间接效益约××万元，共计经济效益××万元。预计实施完成节约安防成本××万元，节约工期产生的间接效益××万元，共计经济效益××万元。

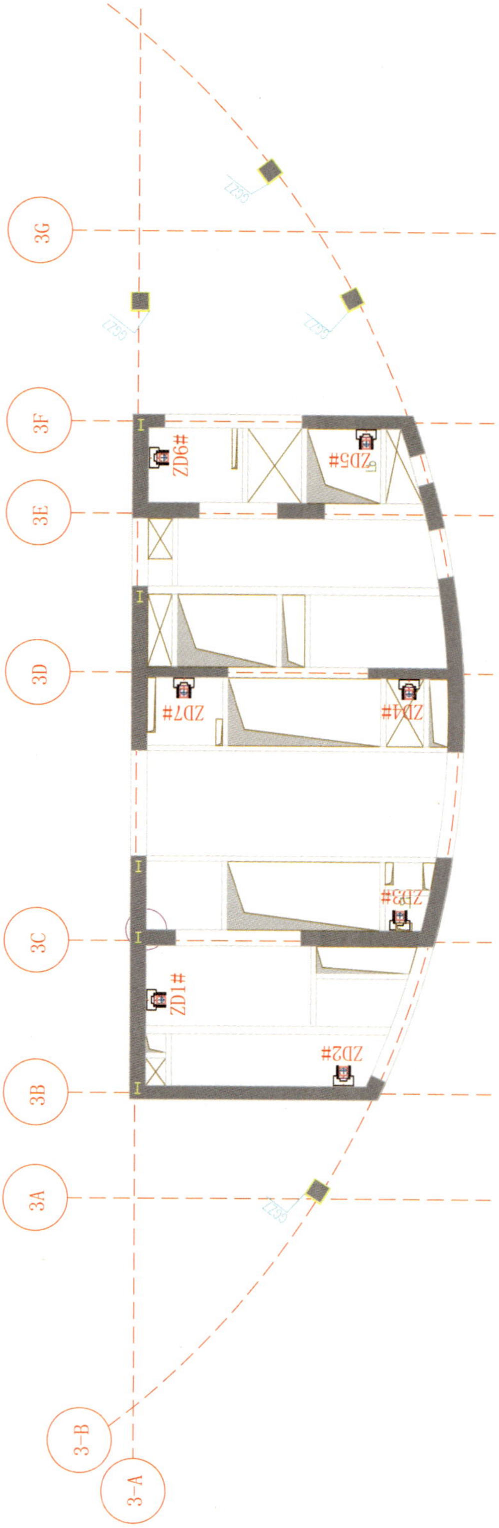

图 7.11　智能顶升模架 F25 及以上支点位置平面图

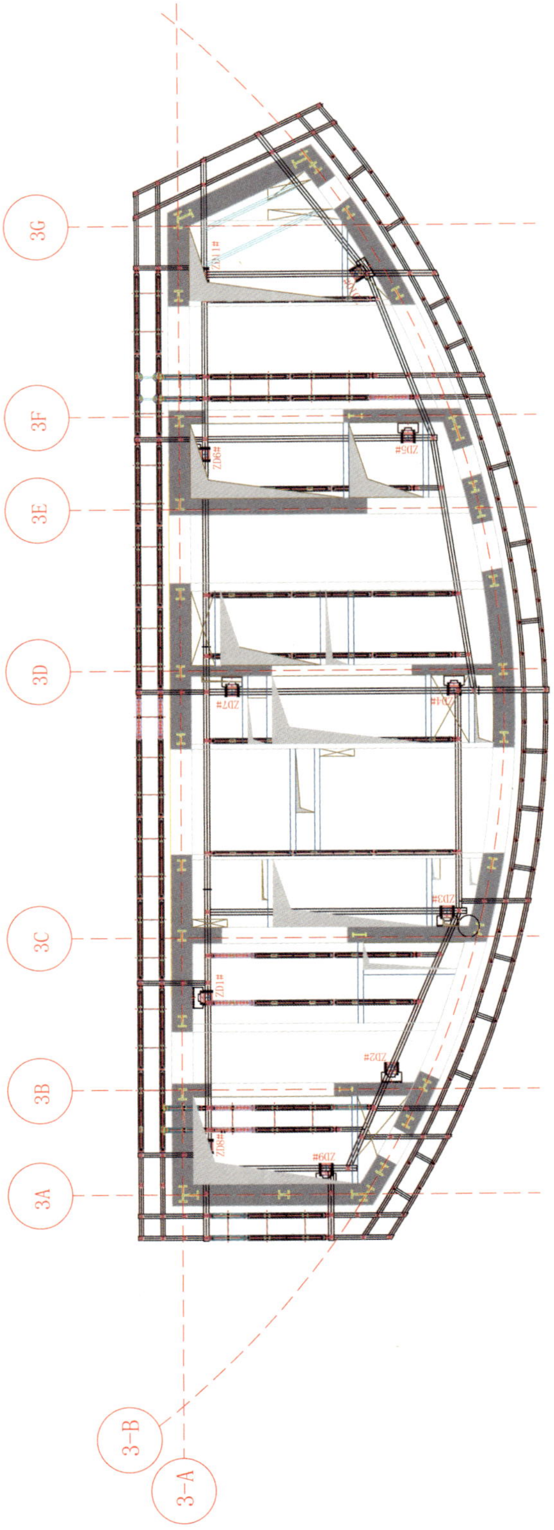

图 7.12 钢平台与结构平面综合平面图(二)

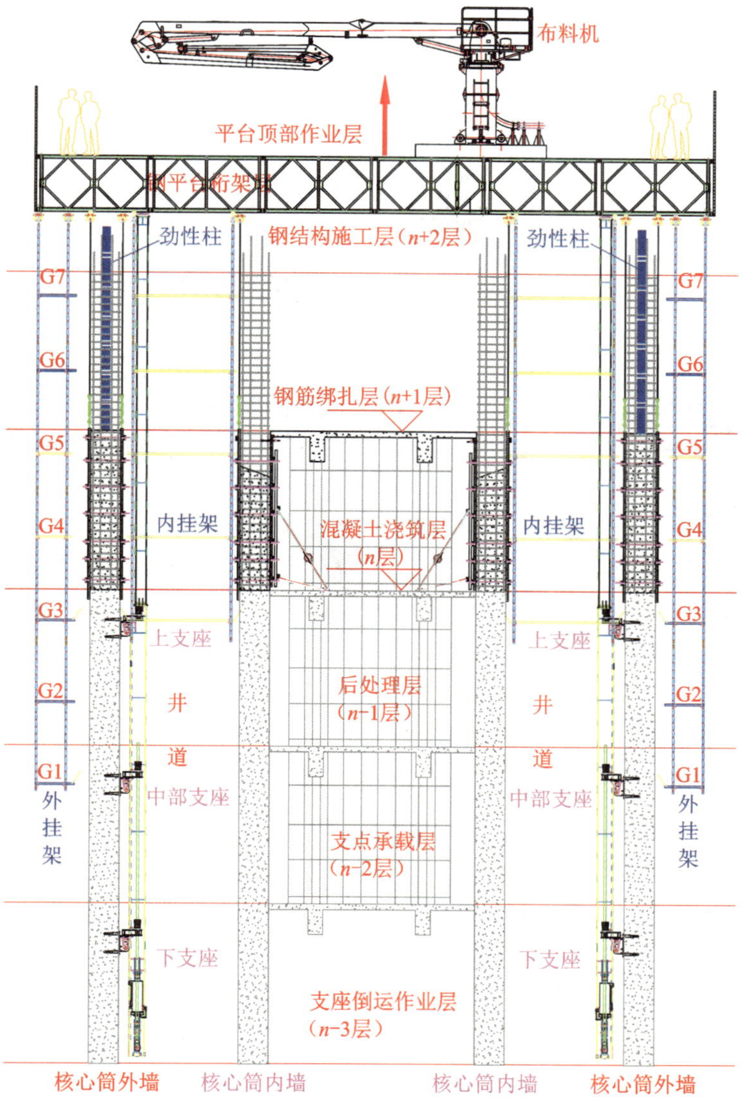

图 7.13 智能顶升模架典型立面图（二）

7.5 美团上海科技中心项目

美团上海科技中心项目（图 7.14）位于上海杨浦滨江区域，杨树浦路、广德路交叉口，由上海朗滨科技有限公司和汉海信息技术（上海）开发建设的集办公、商业为一体的大型综合项目。本工程分为 D 塔楼（M4-01）和 C 塔楼（M5-01），D 塔楼为框架核心筒结构，C 塔楼为框架剪力墙结构，两塔通过一道连梁连接成一个整体。主体结构地下共三层，地上由 D、C 两座塔楼组成，其中 D 塔楼共 30 层（裙房 5 层），结构高度 150 m，其总建筑面积 129177.31 m^2，单层核心筒面积约 655 m^2，标准层层高

4.5 m。本项目D塔楼核心筒主体施工应用一台空中造楼机。

图 7.14 美团上海科技中心项目实景图

塔楼核心筒为钢与混凝土组合剪力墙结构。核心筒平面为方形，F1～F24边长为25.6 m，F25～F30边长为25.0 m，角部位置多布置有钢骨，部分连梁布置有钢板，造楼机所涉及施工楼层为F1至屋顶层。造楼机的平面布置充分考虑结构变化、支点尽量不穿楼板、支点附着墙体无收变、支点预留预埋与墙体或梁转角模板的避让、支点与连梁的避让、支点最少、满足施工需要等因素。本工程造楼机拟布置8个支点同步顶升，如图7.15所示。

综合考虑核心筒墙体平面尺寸，钢平台跨度及承载能力以及周转率，钢平台结构采用焊接桁架＋贝雷片的组合形式，造楼机顶部平面布置图如图7.16所示。

高层建筑智能化集成平台的应用，对核心筒水平结构进行分段同步施工，可显著提高水平结构施工速度，减少楼层安全防护所需措施，并为后期机电安装、精装等专业分包提前进行创造了有利条件，提高超高层核心筒综合施工效率，由此产生较大的经济效益。预计通过空中造楼机的实施，可节约安防成本××万元，节约工期的间接效益约××万元，共计经济效益××万元。

图 7.15　造楼机支点平面布置图

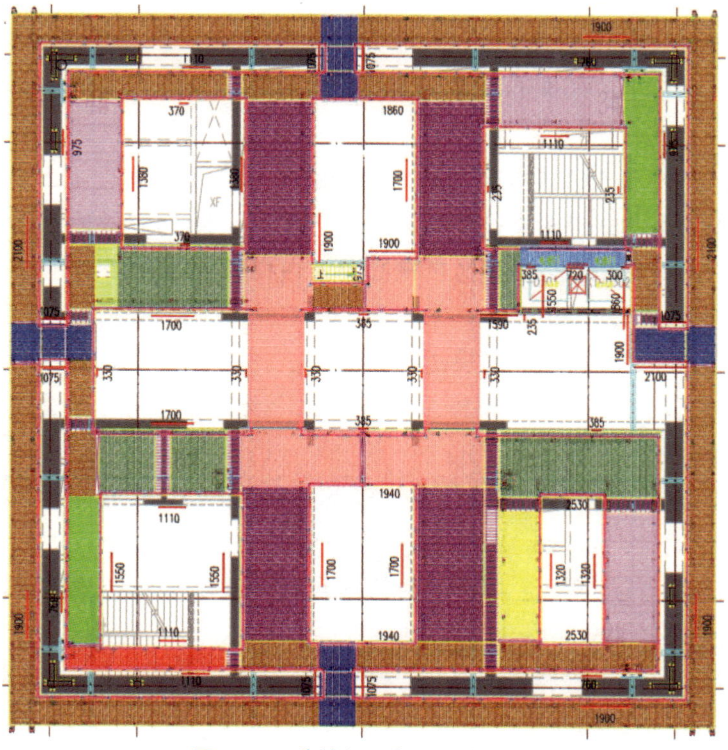

图 7.16　造楼机顶部平面布置图

参考文献

[1] 张良杰. 我国爬模技术发展历程与技术进步[J]. 施工技术,2014,43(23):1-3.

[2] 朱军伟,欧阳明勇. 探秘超高层建造神器顶升平台系统[J]. 建筑,2018(20):64-66.

[3] 郭强,杨冠杰,孙棋美,等. 超高层建筑智能顶升平台的应用[J]. 山东建筑大学学报,2022,37(6):126-130.

[4] 押晓飞. 超高层核心筒顶模系统的设计分析[J]. 门窗,2019,0(8):152-153.

[5] 唐川,吴柏成,昝志国,等. 伸臂桁架在超高层建筑中的应用[J]. 施工技术,2020,49(21):101-103.

[6] 张中华. 超高层建筑筒体模板及支撑体系施工技术研究[J]. 住宅与房地产,2019(12):267-268.

[7] 陈华元. 超高层建设的前世今生[J]. 国资报告,2019,0(3):34-36.

[8] 郭正兴. 模板脚手架技术发展与展望[J]. 施工技术,2018,47(6):79-83.

[9] 糜嘉平. 近年来国外建筑模板、脚手架技术的发展及对中国同业的启示[J]. 建筑施工,2004,26(6):476-478.

[10] 巴鑫,王开强,刘晓升,等. 超高层建筑结构施工平台液压顶升系统关键技术[J]. 施工技术,2017,46(3):80-84.

[11] 糜嘉平. 我国模板脚手架行业取得的成就及发展前景[J]. 施工技术,2009,38(4):16-18.

[12] 余宗明. 新型脚手架的结构原理及安全应用[M]. 北京:中国铁道出版社,2001.

[13] 周澳成. 新型盘扣式模板支撑架的研究与应用[D]. 淮南:安徽理工大学,2021.

[14] 曾凡奎,穆召龙,张建华. 某超高层核心筒大行程顶升模架设计与施工[J]. 钢结构,2016,31(10):84-87,92.

[15] 王志杰. 高层建筑滑模法与爬模法施工技术[J]. 中华建设,2016,0(8):150-151.

[16] 高吉龙. 超高层建筑液压爬模体系模块化设计及工程应用[J]. 建筑施工,2016,38(7):922-924.

[17] 李彦贺,姚富成,赵越,等. 超高层建筑多点小吨位液压爬升模架体系施工关键技术[J]. 工程质量,2016,34(4):54-58.

[18] 郭海,路朝辉,李成,等. 超高层核心筒内自爬升式水平硬防护平台的研究与应用[J]. 建筑施工,2016,38(1):53-55.

[19] 操俊伟. 超高层施工顶模体系控制的研究[D]. 西安:西安建筑科技大学,2023.

[20] 曹鹏,宗乃旭. 海外超高层项目模架体系探析[J]. 施工技术, 2019(2):72-78.

[21] 王建波,王天爽,刘书建. 超高层核心筒吊模工艺模板体系选择及节点设计[J]. 施工

技术,2017,46(9):132.
[22] 丁洁民,吴宏磊,赵昕.我国高度 250 m 以上超高层建筑结构现状与分析进展[J].建筑结构学报,2014,35(3):5-11.
[23] 李磊,夏峰海.超高层建筑核心筒液压自爬升模板体系施工技术[J].建筑施工,2012,34(1):56-58.
[24] 丁颖.高层新型工业化住宅设计与建造模式研究[D].南京:东南大学,2019.
[25] 刘建新,刘军帅,孔亚陶,等.施工升降机与液压爬模平台连接在超高层建筑结构施工中的应用[J].建筑施工,2018,40(12):2093-2095.
[26] 顾国明.超高层建筑滑模法与爬模法施工技术[J].建筑机械化,2009,30(11):72-76.
[27] 张琳.浅析模板技术在建筑施工中的应用[J].城市建筑,2013(4):115.
[28] 沈伟强,吴先哲.我国钢管脚手架应用现状及新型结构形式探讨[J].建筑施工,2019,41(1):128-130.
[29] 赵守文.超高层建筑施工平台钢框架受力性能研究[D].沈阳:沈阳建筑大学,2019.